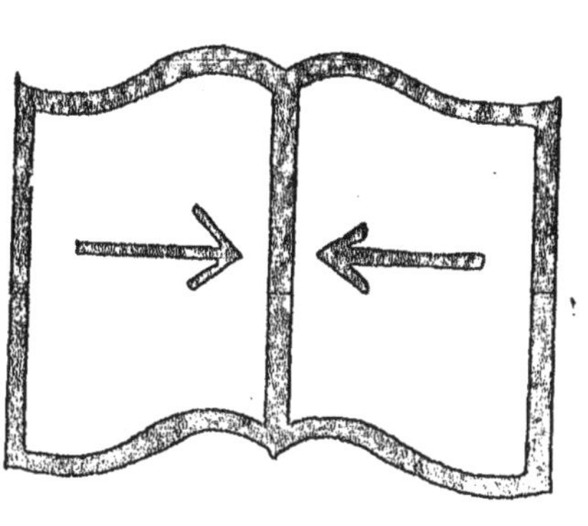

RELIURE SERREE
Absence de marges intérieures

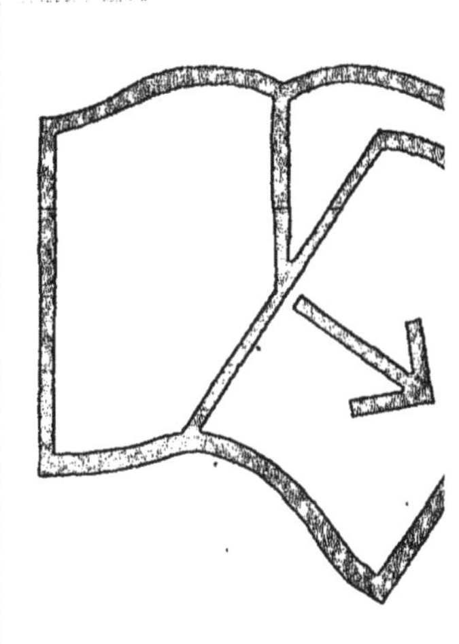

Couverture inférieure manquai

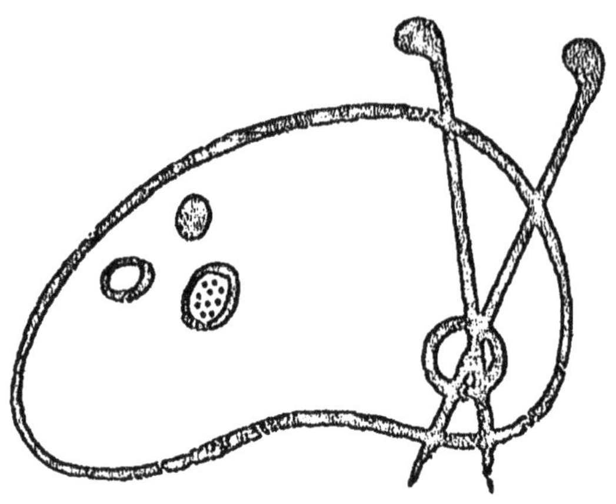

Littéraire de Vulgarisation Scientifique

SCIENCES APPLIQUÉES

LES LIVRES D'OR DE LA SCIENCE

Dr FOVEAU DE COURMELLES

L'ÉLECTRICITÉ ET SES APPLICATIONS

PETITE ENCYCLOPÉDIE POPULAIRE ILLUSTRÉE DES SCIENCES, DES LETTRES & DES ARTS.

PARIS
LIBRAIRIE C. REINWALD
SCHLEICHER FRÈRES, ÉDITEURS
15, RUE DES SAINTS PÈRES, 15

1 fr. net

N° 19

L'Electricité et ses Applications

DU MÊME AUTEUR

ÉLECTRICITÉ :

Précis d'Electricité médicale, 250 p. in-16 ill., Paris, 1891 ; Barcelone, 1893; Moscou, 1894.

L'Electricité médicale au XIXe siècle, 32 p. in-12, Paris, 1895.

L'Electricité curative, 400 p. in-12 ill., Paris, 1895.

Nouveau Précis d'électricité médicale, 500 p. in-8° ill., Paris, 1895.

Traité de Radiographie, 500 p. gr. in-8° ill., Paris, 1897.

Electricité médicale, 32 p. in-8° ill., Paris, 1898.

L'Ozonoscopie, 20 p. in-8°, Montréal, 1898.

Bi-Electrolyse et Pyrogalvanie, 30 p. in-8°, Montréal, 1898.

Les Rayons X en pathologie infantile, 32 p. in-8° ill., Paris, 1899.

Formulaire Electrothérapique, 230 p. in-16, Paris, 1900.

L'Electroscopie, 30 p. in-8°, Montréal, 1900.

ŒUVRES DIVERSES :

La Peur, la Pauvreté, broch., Paris, 1886.

La Vaginite et son traitement, 104 p. in-8°, Paris, 1888.

Le Magnétisme devant la loi, 50 p. in-8°, Paris, 1889.

Les Facultés mentales des animaux, 352 p. in-12 ill., Paris, 1890.

L'Hypnotisme, 330 p. in-12 ill., Paris, 1890, Londres et New-York, 1891.

L'Esprit et l'Ame des Plantes, 30 p. in-8°, Amiens, 1893.

L'Hygiène à Table, 200 p. in-12, Paris, 1894.

L'Esprit scientifique contemporain, 410 p. in-12, Paris, 1899.

EN PRÉPARATION DANS LA MÊME COLLECTION :

Le Bilan scientifique du XIXe siècle.

L'Electricité et les êtres vivants.

LES LIVRES D'OR DE LA SCIENCE

L'Électricité et ses Applications

PAR

Le Dr FOVEAU DE COURMELLES

Avec 42 Figures dans le texte

ILLUSTRATIONS DE A. COLLOMBAR

PARIS

LIBRAIRIE C. REINWALD

SCHLEICHER FRÈRES, ÉDITEURS

15, RUE DES SAINTS-PÈRES, 15

1900

PRÉFACE

On a appelé le XIXᵉ siècle, le siècle de la vapeur; on pourrait, si le prochain siècle ne semblait pas présager l'apogée de la Fée Électricité, l'appeler aussi bien du nom de siècle de l'électricité, si l'on constate les progrès immenses faits entre 1799 et 1899, entre la découverte fondamentale de Volta — la pile — et ses gigantesques applications! Ce sont ces tentatives heureuses et les acquisitions précieuses du XIXᵉ siècle que nous avons voulu exposer en ce petit livre. C'est déjà une science barbare, abstraite, hérissée de chiffres, effrayante au premier abord, et même au second, que l'électricité! Dirai-je qu'on l'a compliquée comme à plaisir, que ces difficultés n'existent que sur le papier ou dans l'esprit des ingénieurs? Ce serait calomnier les mathématiques avec leurs étonnantes prévisions!

Et cependant, en l'électricité, les révolutions ne datent-elles pas des artisans, des travailleurs, de leurs mains; qu'ils s'appellent Ruhmkorff, Franklin, Edison, Gramme, des ouvriers et Galvani, Volta, Lippmann, lord Kelvin, Crookes, Branly, des savants?

D'autre part, n'a-t-on pas multiplié les petits

manuels, traités,... pour la pose des sonneries, des téléphones,... et parmi ces derniers ouvrages, il en est qui sont très simples. Mais les vues d'ensemble, les descriptions claires, quoique sommaires, enfin l'exposé général, historique et technique, manquait et il le fallait aussi littéraire que possible. Peu ou trop inspirant est le sujet : peu, pour un exposé réel et sérieux ; trop, si l'on veut se perdre en de vagues dithyrambes et en célébrer les beautés, les merveilles, les espérances !

Nous avons essayé de faire vivre les inventeurs, de décrire les appareils, de mesurer leurs efforts et leur énergie, ce qui n'était pas toujours facile, vu l'abstraction de certaines données. Puissions-nous avoir réussi à être utile, sinon toujours attrayant !

Dr FOVEAU DE COURMELLES.

L'ÉLECTRICITÉ

ET SES APPLICATIONS

CHAPITRE PREMIER

L'ÉLECTRICITÉ D'AUTREFOIS

Ambre ou aimant? — L'aimant chez les Chinois vingt-sept siècles avant Jésus-Christ. — Le magnétisme et l'électricité chez les Hébreux et les Grecs. — L'aimant au moyen âge. — La boussole dans les temps modernes. — L'histoire scientifique : erreur ou vérité?

AMBRE OU AIMANT ?

L'électricité, force à la fois mystérieuse et terrible, partout répandue, invisible et souvent insoupçonnée, bouleversante ou guérissante, fut connue en la moindre de ses manifestations dès la plus haute antiquité. Ce fut tout d'abord l'attraction des corps légers qui la révéla sous deux formes, celle de l'aimant, si sympathique à la limaille de fer qu'il attire, celle du morceau d'ambre frotté, vers qui se précipitent les corps légers. Le magnétisme minéral, qu'Ampère révéla être de nature électrique, fut donc la première apparition de ce fluide, de cette force, de ce mouvement, de cette matière très ténue et vibrante plutôt,... qui a nom l'*Électricité*.

Des mines de pierre d'aimant existant en la ville lydienne de Magnésia — au dire de l'historien américain Mottelay — auraient fait donner le nom de leur origine à la force qu'elles symbolisaient alors. Cependant la majorité des auteurs parlent du berger grec Magnès qui aurait constaté le pouvoir attractif de la pierre d'aimant sur le crochet métallique de sa houlette ; cela, en l'an 1000 avant Jésus-Christ.

Plus tard, Thalès de Milet (600 ans avant Jésus-Christ) aurait trouvé le pouvoir de l'ambre jaune frotté pour attirer les corps légers, d'où le nom d'ambre ou *électron* donné à la force déterminant ce mouvement.

L'AIMANT CHEZ LES CHINOIS VINGT-SEPT SIÈCLES AVANT JÉSUS-CHRIST

Cependant, il paraîtrait que, là encore — comme en maintes des inventions européennes — les Chinois nous auraient dépassés, et de combien d'années ! De temps immémorial, ils se seraient dirigés en leurs immenses déserts au moyen de l'aiguille aimantée que les pôles magnétiques terrestres orientent parallèlement à leur ligne, autrement dit de la boussole. Vers 2637 avant Jésus-Christ — écrit M. G. Trouvé, d'après M. Mottelay — « l'empereur Hoang-ti, poursuivant un prince rebelle à travers les plaines de Tchou-lou, aurait fait construire un chariot portant une statue de femme qui indiquait les quatre points cardinaux et qui se tournait toujours vers le sud. En 1110 avant Jésus-Christ, le savant Tcheou-Koung, ministre de Van-Vang et de Tching-Vang, passe pour avoir enseigné aux ambassadeurs de Cochinchine et du Tonkin l'usage de la boussole appelée *tchi-nan* (char du sud) ou *fse-nan* (indicateur du sud) ».

Le *Cosmos* parle aussi de l'emploi de *chariots magnétiques* par les Chinois pour leur servir de guides dans les prairies de la Tartarie (1068 av. J.-C.).

LE MAGNÉTISME CHEZ LES HÉBREUX ET LES GRECS

Le grand roi Salomon (1033 à 975 av. J.-C.) aurait eu également connaissance de la boussole et les Israélites s'en seraient servis au cours de leurs voyages maritimes.

Homère (environ 1000 à 907 av. J.-C.) fait aussi mention de la polarité de l'aiguille aimantée et de son usage nautique, lors du siège de Troie, par les Phéniciens et les Grecs.

Si l'on se rappelle les migrations et les colonisations nombreuses de peuples marins, par exemple, les Phéniciens, les Tyriens,... on ne peut concevoir leur propension aux voyages, sans une folle audace et un instinct errant bizarre, ou mieux sans le moyen de se diriger en leur cours, c'est-à-dire avec la possession d'un instrument approprié, c'est-à-dire la boussole. Le secret s'en perdra bientôt pour être retrouvé de longs siècles après.

Voilà pour le magnétisme, le précurseur et le si proche parent du fluide électrique, mais celui-ci, révélé à Thalès de Milet, s'était vraisemblablement aussi décelé à d'autres observateurs. Ainsi le *pouvoir des pointes* paraissait connu aux

Étrusques et cette facilité de laisser échapper en abondance l'électricité par des tiges amincies explique, pour certains historiens, la disparition subite de Romulus et de Tullus Hostilius, victimes ou d'un complot, ou de leur inexpérience, ou de leur négligence.

D'autre part, dans l'Écriture, nulle part nous ne trouvons mentionné le fait de la chute de la foudre sur le temple de Jérusalem, alors qu'en revanche, nous la voyons tomber si fréquemment sur les églises au moyen âge, et plus près de nous jusqu'à Franklin ; l'historien Josèphe décrit d'ailleurs une série de flèches d'or aiguës placées sur le Temple et reliées à des cavernes pratiquées dans la colline, ces cavernes correspondaient évidemment à nos puits de déperdition du fluide de nos paratonnerres.

Le fluide aérien ne fut pas toujours la seule manifestation connue ; nous trouvons bientôt décrit, en le poète latin Claudian (395 av. J.-C.), la faculté électrique des torpilles d'engourdir les autres poissons, de donner aux malades, en des bains appropriés, des secousses curatives ; de même Aristote (341 av. J.-C.) étudie, en son *Histoire des animaux*, la torpille et ses mœurs.

Puis, ainsi que le rapporte Priestley en son *Histoire de l'électricité*, Théophraste (321 av. J.-C.) reconnaît que le lyncurium — qui semble être la tourmaline — attire non seulement les pailles, les feuilles sèches et les petits morceaux de bois ou d'écorce, mais aussi les fragments minces de cuivre et de fer.

L'AIMANT AU MOYEN AGE

C'est ensuite, plus près de nous, à l'école célèbre d'Alexandrie, Ptolémée II Philadelphe (285-247) qui ordonne à Timocharès, son architecte, de suspendre à l'aide d'aimants la statue en fer d'Arsinoë dans le temple de Pharos. Ce mode de suspension paraît avoir été également à la mode sur la fin de l'empire romain. Cassiodore (468-562) parle, en effet, d'une statue de Cupidon ainsi suspendue dans le merveilleux temple de Diane à Éphèse, l'une des sept merveilles du monde; de même la statue de Sérapis à Alexandrie ainsi qu'antérieurement l'avait rapporté saint Augustin (334-430).

Les propriétés magnétiques étaient alors attribuées à une âme particulière, ainsi qu'on en voit la trace dans Pline et ses devanciers, mais le sceptique poète Lucrèce, en son *de Natura rerum*, trouve plus rationnelle l'hypothèse purement mécanique des atomes crochus.

Les Arabes connaissaient aussi l'aimant dès 218, d'après Saumaise. Nous retrouvons bientôt les Chinois avec le physicien Kou-Pho (295-324) qui assimile les propriétés attractives de l'ambre et de la pierre d'aimant, ainsi que le devait faire et prouver Ampère quinze siècles plus tard.

En 309, saint Elme, évêque de Formies, observe aux sommets des mâts d'un navire les flammes électriques en aigrettes depuis bien connues sous le nom de *Feux Saint-Elme.*

Puis, Zosime, historien grec, qui vivait sous le

règne de Théodose II, rapporte (425) dans son *Histoire de l'Empire romain du règne d'Auguste à l'an 410*, le fait de la séparation électrolytique des métaux, du cuivre dans une solution cuprique.

Et M. G. Trouvé, en son *Électrologie Médicale*, a grandement raison de s'étonner de l'infécondité, pendant 1400 ans, de cette expérience d'un Volta ou d'un Davy antiques ! « Comme elle est juste, dit-il, l'assimilation de Pascal du genre humain à un homme qui ne meurt pas, et qui apprend sans cesse. » L'intelligence commune n'était pas à portée de comprendre l'électrolyse et d'en tirer les fruits. « C'est ainsi que l'adolescent assiste en aveugle aux phénomènes les plus capitaux ; il ne *les voit* que lorsque sa maturité mieux renseignée, c'est-à-dire plus instruite, est parvenue à saisir leur liaison avec d'autres phénomènes positivement connus. »

LA BOUSSOLE DANS LES TEMPS MODERNES

Mais l'aimant seul passionne cette époque redevenue jeune, en ses débuts de l'ère chrétienne. C'est ainsi que saint Augustin parle d'une expérience faite devant l'évêque Sévère avec une aiguille flottant sur l'eau et un aimant dissimulé sous la table. Puis l'on saute brusquement huit siècles pour trouver, en le poète français Guyot de Provins (1190), une description de la boussole composée non plus d'un aimant, mais d'une aiguille aimantée obtenue par frottement sur un aimant. Jacob de Vitry, cardinal évêque de Ptolémaïde (1204-1215), a dit employée aux Indes ; Alexandre Neckam l'a écrit dans son *de Naturis rerum* (1207) ; Vincent de Beauvais, écrivant pour saint Louis, en parlerait dans son *Speculum naturale*, d'après M. Mottelay, mais Littré (*Notice sur Pline*) et L. Figuier (*Les Savants du moyen âge*) nient cette citation.

La boussole est alors connue du monde entier.

Les propriétés de l'aimant, des torpilles, sont sans secrets pour Roger Bacon, qui avait la plus complète, la plus scientifique et la plus éclairée érudition de son temps. Aristote, l'Orient, les Arabes l'avaient formé, et surtout son maître, *maître* Pierre, « le seul homme capable de hâter les progrès de la Science ». Petrus Peregrinus de Maricourt, son initiateur à la méthode expérimentale, avait en effet composé un Traité sur l'Aimant (*de Magnete*) qui, d'après Louis Figuier, se trouve parmi les manuscrits latins de la Bibliothèque nationale.

Nous trouvons encore l'aimant dans le *Natura locorum* d'Albert le Grand (1254), avec l'opinion qu'il était déjà connu du temps d'Aristote sous la forme et l'usage de la boussole, dans les écrits de Brunetto Latini (1200) qui prétend que les marins de son temps n'osent employer la boussole de peur de passer pour magiciens ; ceux du grand poète de Bologne, Guido Guinicelli, qui en dit quelques mots. De même Tarfœus (1266), dans son *Histoire de Norvège*, assure que le comte suédois Byerges fût récompensé d'une boussole ; l'astronome italien Riccioli (1270) parle de l'usage courant pour les marins français de la boussole dont l'aiguille aimantée était soutenue sur l'eau au moyen de deux tubes en croix.

Ces affirmations contredisent l'attribution de la découverte de la boussole au pilote italien Flavio de Gioja (1302), et Voltaire est mal informé quand il donne pour l'apparition des boussoles marines les dates de 1327 ou même 1377, sous le règne d'Édouard III, roi d'Angleterre.

Mais, à la vérité, c'est alors que les observations se multiplient et deviennent de plus en plus précises.

En 1436, Andrea Bianco publie un atlas dont les cartes montrent les variations de l'aiguille aimantée. Le grand alchimiste suisse Paracelse (1490-1540) paraît devancer Œrsted. Colomb, en sa découverte du Nouveau Monde, note, le 13 septembre 1492, la ligne de déclinaison, nulle par 2° 1/2 environ au N.-O. des Açores. Son émule Vasco de Gama parle, en 1497, d'une boussole incommode formée d'une plaque de fer aimantée. Sébastien Cabot démontre au roi d'Angleterre, la même année, l'irrégularité de ses variations. En 1502, Vasthena rencontre la boussole chez les Arabes. En 1543-1544, Georges Hartmann, vicaire de l'église de Saint-Sébalaud à Nurembourg, observe le premier l'*inclinaison* de l'aiguille, de 9°, ainsi qu'il l'écrit le 4 mars 1544 au duc Albrecht de Prusse; Robert Norman, de Londres, la trouve en 1576 de 71° 50′ ; en 1581, Burrougles, contrôleur de la marine marchande sous le règne d'Élisabeth, publie de bonnes cartes de déclinaison.

On attribue au physicien italien G. della Porta (1558-1589) l'invention de la chambre noire, et des essais de télégraphe magnétique que reprend

Schwenter en 1600, et en 1632 Galilée fait allusion à un téléphone magnétique.

En 1590, le mathématicien anglais Wright, en son *Traité de Navigation*, prie les marins de bien noter les déclinaisons et d'en tenir compte dans leurs calculs; la même année, le chirurgien de Rimini, Julius Cæsar, observe qu'un barreau de fer placé parallèlement au méridien magnétique s'aimante spontanément.

L'HISTOIRE SCIENTIFIQUE, ERREUR OU VÉRITÉ ?

Voilà l'électricité d'hier, d'ordre surtout magnétique, hésitante, tâtonnante et sans méthode, trouvant d'ailleurs peu de choses et au hasard. Mais combien d'efforts qui, s'ils avaient été coordonnés comme les nôtres, eussent été couronnés de nombreux et rapides succès, ainsi que nous allons le constater à partir du XVIIe siècle.

Au cours de notre énumération longue, quelque peu fastidieuse et non coordonnée de recherches et de tentatives, non coordonnées elles-mêmes, nous avons donné les dates les plus sûres, sans cependant en posséder la certitude historique. Existe-t-elle d'ailleurs l'absolue certitude historique? Alors que les témoins oculaires d'un fait le racontent différemment, comment distinguer la vérité? En matière scientifique, le problème se complique, car on risque de confondre l'idée, l'hypothèse avec le fait, le phénomène, la réalisation. L'imagination aidant, ne peut-on prévoir et annoncer l'avenir, et Jules Verne a ainsi merveilleusement devancé, en ses captivants ouvrages, maintes découvertes contemporaines; peut-on dire pour cela qu'il les ait réellement faites? Et quand on attribue à Cyrano de Bergerac — si remis à la mode en ces derniers temps par la pièce de M. Edmond Rostand et le talent de Coquelin aîné — l'invention des ballons, parce que, en son roman de *Cyrus*, il y a une lointaine allusion aux aérostats, ne commet-on pas semblable erreur? Aussi, devons-nous être très réservés pour les données historiques en général et l'histoire des sciences en particulier!

CHAPITRE II

L'ÉLECTRICITÉ D'AUJOURD'HUI

La machine électrique. — Dufay. — Franklin, de Romas, Marat. — L'expérience de Galvani. — Volta. — Phénomènes d'influence électrique.

LA MACHINE ÉLECTRIQUE

C'est depuis le XVIIe siècle, avec Descartes et Pascal, si négateurs du principe d'autorité, que la méthode expérimentale pénètre de plus en plus dans la science, débarrassée de la scholastique d'antan. Aussi les travaux se sont-ils multipliés depuis lors, constituant en quelque sorte d'ores et déjà, l'ère actuelle, *l'esprit scientifique contemporain*. Les savants se communiquent leurs travaux, leurs idées, se voient... et l'on peut dire que les progrès scientifiques sont en raison directe de la facilité des rapports entre les chercheurs.

C'est d'abord William Gilbert (1600), médecin de la cour d'Angleterre, qui découvre la facilité d'électrisation d'une foule de corps et voit là une propriété spéciale, *sui generis* de la matière (*Physiologia nova de Magnete*). Bayle et Hartmann font de même avec leur théorie des émanations glutineuses. Otto de Guéricke, bourgmestre de Magdebourg, invente presque en même temps la machine pneumatique et la première machine électrique à frottement : il obtient avec celle-ci une lumière égale à celle qu'on voit lorsqu'on broie du sucre dans l'obscurité.

DUFAY

Un siècle après, Dufay (1698-1739) établit que tous les corps *sont électrisables*, y compris les corps vivants. Dufay et l'abbé Nollet parviennent à sortir des étincelles du corps humain; et l'on connaît la fameuse expérience, faite devant

Fig. 1. Dufay.

Louis XV par l'abbé Nollet, de tout un régiment des gardes qui ressentit la commotion électro-statique. Dufay remarqua, en 1733, qu'un corps électrisé au moyen d'un verre frotté avec de la laine repousse un autre corps électrisé de la même façon et attire un troisième corps électrisé au moyen d'un bâton de résine frotté avec une peau de chat; il distingua deux espèces d'électricité, l'électricité vitrée et l'électricité résineuse

Symmer donna alors la première théorie sérieuse de ces phénomènes : Tout corps à l'état naturel possède en quantités égales un fluide vitré et un fluide résineux qui se neutralisent pour former le fluide neutre. Par le frottement le fluide neutre se décompose ; le fluide vitré passe sur l'un des deux corps en présence et le fluide résineux sur l'autre : ces deux fluides sont toujours en quantités égales.

FRANKLIN, DE ROMAS, MARAT

En 1746, Musschenbroek inventait la bouteille de Leyde et trouvait le principe de la condensation, de la concentration, de l'accumulation momentanée du fluide électrique. Delord, Buffon, Dalibard font les premières expériences avec la foudre.

En 1750, le Français de Romas, magistrat au présidial de Nérac, et l'Américain Franklin, citoyen de Philadelphie, faisaient maintes recherches et étudiaient, chacun de son côté, mais cependant avec la connaissance de leurs résultats, l'électricité atmosphérique ; l'idée du cerf-volant est authentiquement due à de Romas. Celui-ci la communiqua à l'Académie des sciences de Bordeaux en juillet 1752 et fit, devant douze cents personnes, les expériences en 1753, tandis que Franklin aurait, avec le cerf-volant, provoqué la foudre au sein des nuages, dans de mauvaises conditions scientifiques, seul, non isolé — au sens électrique du mot, — avec son fils, en septembre 1752. La priorité de notre compatriote a été établie du vivant de Franklin, d'après l'enquête provoquée par de Romas, l'Académie des sciences de Paris l'établit irréfutablement en 1764, et Franklin ne protesta nullement, pas plus qu'il ne répondit à de Romas qui lui communiqua tous ses documents.

Priestley et maints écrivains, même français, attribuent bien à tort à Franklin la paternité de toutes les découvertes électriques de l'époque.

L'ancien ouvrier typographe de Philadelphie, devenu le révéré savant, formule alors sa théorie basée sur un seul fluide électrique : Un corps à l'état naturel en contient une quantité bien déterminée et le frottement a seulement pour effet de faire passer d'un des deux corps frotteurs sur l'autre une certaine quantité du fluide. L'un se trouve donc finalement électrisé *plus* que dans son état normal et l'autre *moins*. Marat, médecin des gardes du corps du comte d'Artois, et qui devint le grand Conventionnel que l'on sait, fit de belles recherches physiques sur l'électricité et établit la théorie actuellement en cours, d'un seul fluide se localisant en quantités différentes sur les corps avec des tendances à l'équilibre. Qu'il ait également écrit — Dieu sait si on les lui a reprochées, oubliant les autres ! — des choses absurdes, on peut faire le même reproche à Franklin et à Nollet comme à maints de leurs contemporains et des nôtres.

Franklin paraît avoir trouvé le pouvoir des pointes, les lois de la condensation électrique; Coulomb démontra à la même époque les lois d'attraction et de répulsion électro-magnétique, analogues à celles de la gravitation universelle de Newton (raison directe des masses et inverse du carré des distances); Canton découvrit l'action à distance, l'électrisation indirecte de corps neutres placés dans le voisinage de corps électrisés, ou l'*influence.*

Marat, né près de Genève, le 21 mai 1743, docteur à trente ans, médecin des gardes du corps du comte d'Artois, mort sous le poignard de Charlotte Corday, le 13 juillet 1793, étudia dans ses *Recherches physiques sur l'Électricité* les phénomènes qui passionnaient alors les savants et ignorants. « Son œuvre scientifique, dit le regretté Dr L. Didelot, agrégé de la Faculté de médecine de Lyon, en *Marat physicien*, présenta une certaine importance. Les expériences ingénieuses y abondent, mieux conduites qu'on ne le faisait communément de son temps. La véritable méthode scientifique s'y montre parfois, surtout dans la critique des travaux de l'électricité médicale, et si les conclusions tombent souvent à côté de la vérité, la cause provient surtout de la diffi-

Fig. 2. Le Dr Marat, physicien, puis Conventionnel.

culté du sujet. » C'est également notre avis, en *Marat électrothérapeute*, et la valeur de l'œuvre de Marat, discutée, niée, surtout à cause du rôle politique de l'homme, n'en subsiste pas moins.

L'EXPÉRIENCE DE GALVANI

Ces phénomènes de production électrique par le frottement des corps ne paraissaient pas avoir

Fig. 3. Galvani.

grande portée pratique; la médecine, nous le verrons plus loin, les avait bien utilisés, mais ils paraissaient condamnés à ne jamais sortir des laboratoires, ni se vulgariser, moins encore être utilisés. Tout à coup cependant surgit une expérience bien ridiculisée et qui valut à son auteur le titre de « maître de danse des grenouilles », cette expérience devait ouvrir une ère nouvelle à la science électrique. Galvani, professeur d'anatomie à Bologne, étudiait l'action de l'électricité statique sur les muscles et les nerfs dénudés de grenouilles; un certain jour de l'année 1786, dit-on, une région lombaire d'un de ces animaux était suspendue par les deux branches du nerf sciatique à son balcon en zinc, elle se balançait au vent et vint à toucher des barreaux de fer à plusieurs reprises, et chaque fois Galvani put constater la contraction musculaire de la moitié de grenouille.

Louis Figuier rétablit ainsi la vérité. Galvani étudiait les régions lombaires dénudées de grenouilles. Galvani les touchait de son scalpel, pendant que jaillissaient dans le voisinage des étincelles de machine statique, et sa femme Lucia Galvani remarqua qu'au moment de l'étincelle, à ce moment seulement, les pattes se contractaient au contact du scalpel; elle en fit la remarque à son mari qui varia et répéta l'expérience, avec une tige de cuivre et de fer portée sur les deux

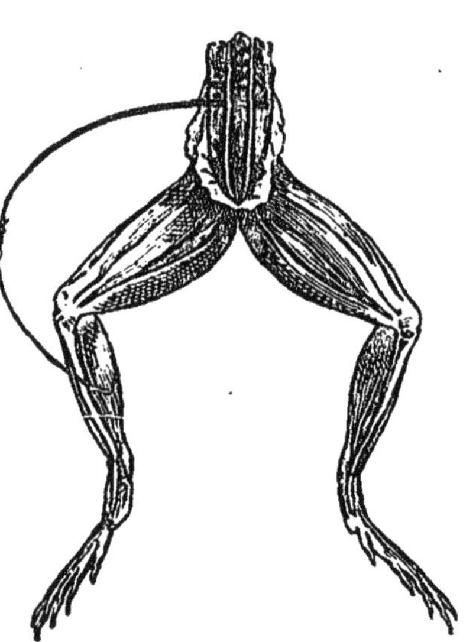

Fig. 4. Patte Galvanoscopique.

branches du nerf, la contraction se reproduisit, et s'agitèrent les pattes de la grenouille, ces merveilleux déceleurs d'électricité qui ont depuis reçu le nom d'*œil électrique*, de *galvanoscope*. Au dire de Mottelay, J. Guichard Duverney, anatomiste français, avait fait en 1700 la même expérience sans en tirer parti. On la répète aujourd'hui en touchant à la fois avec un arc formé de cuivre et de zinc le nerf sciatique dénudé de la grenouille et les muscles des jambes. Galvani, d'après son mémoire même, raconte, comme nous l'avons dit, avoir découvert en 1780, non absolument par hasard, ces contractions musculaires, mais par suite de l'influence d'une machine électrostatique en fonctionnement et près de laquelle avaient été placées pour être étudiées peu après des parties postérieures de grenouilles. Il vit là un fluide spécial, propre à la vie, dont il peut n'être d'ailleurs qu'une manifestation, mais qui en son cas était tout autre. Il répéta l'expérience avec toutes les sources d'électricité alors connues, machines, orages... Les physiologistes allemands Reil et Pfaff le contredirent tout d'abord, mais Volta, professeur de physique à l'Université de Pavie, s'insurgea avec énergie contre le fluide vital. Il tenta d'établir la théorie du contact, en prouvant que l'électricité pouvait naître du seul contact de deux métaux différents et développer ainsi une *force électromotrice de contact*.

La théorie chimique, qui prétendait être un moyen terme, fut alors émise par Fabroni, de Florence, mais comme elle ne confirmait ni la théorie de Volta, ni celle de Galvani, on la rejeta d'emblée.

VOLTA

Tous avaient raison. Et heureusement peut-on dire qu'ils ne s'en aperçurent point, que Volta et Galvani surtout, voulant se convaincre mutuellement d'erreur, et démontrer à chacun la vérité absolue de sa théorie personnelle, multiplièrent les travaux et les recherches. Volta inventa *l'électromètre condensateur* pour déceler et mesurer de faibles quantités d'électricité, et *la pile* formée de cuivre, de zinc et d'acide sulfurique qui porte son nom.

Fig. 5. Volta.

En 1791, après onze ans de recherches, Aloysius Galvani avait publié ses travaux, qu'appuyèrent et confirmèrent Jean et Georges Aldini, Eusèbe Valli, Fontana, Giulio et Rossi, Snucck, Gren... En 1792, il répondait déjà aux premières objections de Volta et cela dura six années. Ce fut la cause de bien belles expériences de part et d'autre, et Galvani triompha, en démontrant l'existence de l'électricité animale. De Humboldt en démontra les phénomènes sur l'être vivant. En 1798, l'Institut de France s'en émut. Volta, retiré à Côme pour mieux travailler la question, trouvait sa pile en 1799 et l'exposait à l'Académie des sciences de Paris, en présence du premier consul Bonaparte, le 18 novembre 1800. Dans les mémoires du physicien Robertson on trouve d'intéressants détails, à propos de l'expérience dite du pistolet de Volta qui consiste à faire partir un pistolet à gaz hydrogène par l'étincelle tirée d'un conducteur de la pile :

« La détonation du pistolet de Volta sembla réveiller un membre placé à l'autre extrémité de la salle, inattentif en apparence, dont l'imagination planait peut-être en cet instant sur le monde entier et à cent lieues du galvanisme, tandis que la sagacité de son esprit s'occupait à démêler la nature des effets de ce fluide. Il parut sortir subitement d'une profonde préoccupation, et me fixa particulièrement, sans doute à cause du bruit que l'arme électrique venait de produire par mes mains; puis, se tournant vers un membre placé assez près de lui :

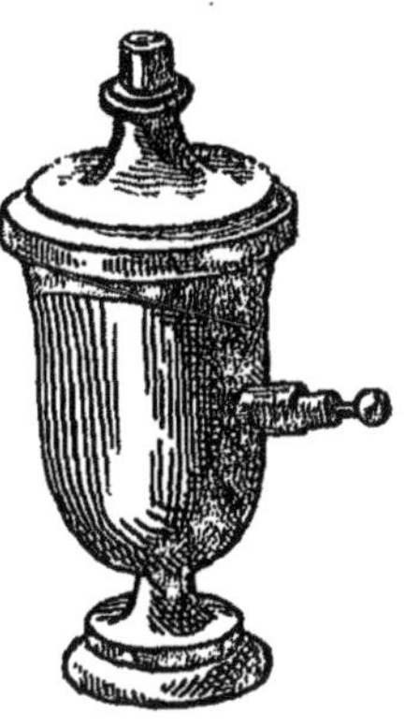
Fig. 6. Pistolet de Volta.

— « Fourcroy, lui dit-il, voici des phénomènes qui appartiennent plus à la chimie qu'à la physique et dont vous devez vous emparer... »

« Distinction très juste, et qu'une foule d'applications ont rendue évidente par la suite. »

Napoléon, très enthousiaste de Volta, lui conféra tous les honneurs, fonda un prix de l'Institut pour récompenser « la meilleure expérience qui sera faite dans le cours de chaque année sur le fluide galvanique... »

Dès lors l'électricité statique fut délaissée, et la pile seule passionna Biot, Cruikshank, Nicholson, Davy... Divers modèles en furent inventés. Avec sa pile à auges où les couples de cuivre et de zinc de Volta n'étaient plus verticaux, mais placés horizontalement dans une grande cuve et séparés par des cloisons en bois, Cruikshank décomposa l'eau, en isola les deux gaz constituants, l'hydrogène et l'oxygène. C'était là l'origine de l'électrolyse, de l'électro-chimie, de l'électro-métallurgie, qui devaient plus tard révolutionner l'industrie. Des expériences nombreuses furent faites sur des cadavres, sur des décapités, sur des membres amputés, sur des animaux, et les contractions se produisirent.

PHÉNOMÈNES D'INFLUENCE ÉLECTRIQUE

La recherche des causes de l'électricité, aussi troublante, aussi émouvante que celle des phénomènes, passionna Marat pour l'électricité statique, et ses *Recherches physiques sur l'Électricité*, in-8° de 600 pages, furent très appréciées des savants de l'époque.

Biot, Lacépède, Cigna, après la découverte de Volta, ne songèrent plus, comme beaucoup d'autres, qu'à la nouvelle électricité ou galvanique : à en étudier les causes, les actions, les mouvements.

Christian Œrsted, physicien danois, constata, en 1810, l'influence d'un courant sur une aiguille aimantée. Ampère détermina le sens du déplacement de celle-ci. François Arago remarqua l'attraction de la limaille de fer sous l'action du courant agissant ainsi à la façon d'un aimant. Les expériences de septembre 1820 démontrèrent qu'un courant qui circule en spirale autour d'un morceau de fer doux, l'aimante temporairement tant que le courant passe. Faraday, célèbre physicien anglais, tira la théorie de l'induction de tous ces résultats.

L'influence, l'action à distance se retrouve ici comme en l'électricité statique.

C'est un phénomène momentané, fugace, mais facile à répéter et par suite à utiliser, qu'il s'agit de conserver.

L'*induction* en est la science. Elle se résume dans les phénomènes électriques qui se peuvent produire en du fer doux ou neutre, en des fils de cuivre qui se déplacent, qui tournent non loin de corps aimantés ou électrisés, même faiblement. Cette découverte faite, les machines se multiplièrent. Pixii, en 1832, construisit la première machine magnéto-électrique. Ce fut ensuite celle de Clarke, celle de l'*Alliance*, commencée en 1849, par M. Nollet, de Bruxelles, et achevée par M. Joseph Van Malderen.

En 1836, Masson avait interrompu automatiquement le courant inducteur, et en 1848, combinait avec M. Bréguet une machine d'induction imparfaite.

Un simple ouvrier allait faire mieux que des savants. L'électricité depuis Franklin, ouvrier typographe, a presque d'ailleurs toujours présenté de ces surprises avec le Liégeois Gramme et l'Américain Edison. Ruhmkorff, après avoir travaillé chez l'ingénieur Chevalier, puis établi à son compte, combina des bobines de fils et fit l'appareil puissant qui porte son nom et que nous aurons à décrire longuement plus loin. Un prix de cinquante mille francs le récompensa en 1855. Mais cet instrument, longtemps appareil de curiosité, exige des piles, une source extérieure d'énergie électrique et ne convient pas aux usages industriels, aussi les tentatives se multiplièrent du côté magnétique, les aimants naturels, puis les électro-aimants ou aimants artificiels momentanés fournirent des machines diverses à Wilde, Wheaston, Siemens et Ladd, 1867... En 1870, parut la première machine Gramme que j'ai pu encore admirer à l'Institut Montefiore de Liège. Puis MM. Siemens, de Méritens, G. Trouvé, Farmer et Brush, eurent aussi les leurs.

Entre temps avait été trouvé le moyen d'*accumuler* l'électricité des piles, de la conserver pour s'en servir au moment voulu, en des lames de plomb enroulées : c'étaient les accumulateurs de Gaston Planté.

Les travaux se multiplièrent dès lors avec presque la rapidité de la foudre, pourrait-on dire, d'où le téléphone, le microphone etc., etc.

Nous sommes à l'électricité de demain, dont nous décrirons plus tard les espérances.

CHAPITRE III

L'ÉLECTRICITÉ STATIQUE ET LA FOUDRE

L'électricité au XVIIIe siècle. — Machines statiques diverses. — Transmission à distance de l'électricité. — Division des corps par rapport à l'électricité. — L'étincelle humaine. — Machines électriques actuelles, leurs phénomènes. — Théories électriques. — La foudre et l'ozone. - La foudre provoquée. — Les paratonnerres. — Les électromètres.

L'ÉLECTRICITÉ AU XVIIIe SIÈCLE

Le XVIIIe siècle ne fut pas seulement fécond en pensées et en systèmes philosophiques, ce fut l'époque où chaque esprit était en quelque sorte un creuset où fusionnait l'or d'idées nouvelles, où les esprits se trempaient, se heurtaient au contact et à l'émission de leurs conceptions !

Les cerveaux, véritablement encyclopédistes, étaient aptes à se lancer éperdument à la recherche du nouveau, de l'inconnu, vers les progrès scientifiques comme dans les tourmentes révolutionnaires! Plus qu'aujourd'hui — la lutte pour l'existence n'ayant pas encore été inventée! — certaines classes de la société — les plus élevées — se passionnaient pour la métaphysique ou la science. En outre, le monopole de l'intelligence ne semblait pas avoir été absorbé par Paris, et la province travaillait — elle travaille encore, mais souvent avec peu d'écho; nul retentissement; espérons que les nouvelles Universités lui en donneront. Le XVIIIe siècle avait non seulement ses

Universités, ses Académies provinciales, mais encore ses cénacles formés d'hommes privilégiés qui employaient noblement leur fortune à s'entourer de savants et à cultiver la science pour le seul plaisir de savoir. Nous avons vu rapidement les travaux de cette époque, mais l'histoire et l'exposé de l'électricité statique ou de frottement datent de ce siècle précurseur, et il nous faut nous y étendre, car rien de nouveau, ou à peu près, n'a été fait en le nôtre, et la question en est presque au même point, aux formules mathématiques près, qu'au temps de l'abbé Nollet, Franklin, de Romas, Marat... Le XVIIIe siècle étonna ses contemporains au point que l'une de ses grandes dames put presque légitimement s'écrier : « On trouvera le moyen de ne plus mourir... mais quand je serai morte ! »

Pourquoi l'électricité passionna-t-elle plus que toutes les autres branches de la science, cette époque dissolue et frivole? Est-ce un élément de mystérieux, d'inconnu, analogue au magnétisme animal, à l'occultisme de Cagliostro et de Mesmer? Pourquoi cette renaissance du fluide de l'ambre jaune, étendu par Gilbert à tous les corps?...

MACHINES STATIQUES DIVERSES

Otto de Guéricke, bourgmestre de Magdebourg, avait remarqué que le soufre sec et frotté devenait lumineux en l'obscurité. Il avait traversé la boule de soufre d'une tige de fer pour la faire tourner : ce fut là la première machine électrique.

Un corps léger qui a touché la boule de soufre

on est aussitôt repoussé et toujours, croyait Otto de Guéricke, en présentant la même face. Aussi expliquait-il les attractions et les répulsions du globe terrestre sur les corps placés dans sa sphère d'action par des phénomènes du même genre.

Fig. 7. Otto de Guéricke.

Cette explication, admise également par Grey, et alors manifestement inexacte, a été reprise depuis, avec des appareils électriques plus complets et plus démonstratifs, par le professeur Ch. Zenger, de Prague, et nous avons eu à les juger à l'Exposition de Bordeaux en 1895.

La boule de soufre d'Otto de Guéricke qui tournait entre les mains d'un opérateur — un autre recueillant le fluide en touchant sa surface par les corps étudiés — fut remplacée en 1709 par un cylindre de verre (Hauksbee). Les effets lumineux passionnèrent surtout cet observateur, comme ils l'avaient fait de Robert Boyle. Cette machine à globe de cristal fut abandonnée on ne sait trop pourquoi, et l'électricité de frottement sommeilla encore quelques années. On revint au tube frotté de laine du médecin Gilbert.

TRANSMISSION A DISTANCE DE L'ÉLECTRICITÉ

Mais le hasard, qui aide toujours les chercheurs, veillait. L'Anglais Étienne Grey, étudiant l'électricité avec un tube de plus d'un mètre de long (trois pieds et demi) et l'ayant fermé à ses deux extrémités pour éviter l'introduction de la poussière, constata qu'un duvet, par hasard contenu à l'intérieur, s'y promenait avec une grande rapidité, allant alternativement de l'un à l'autre des bouchons. Il en résultait deux conséquences : la propagation de l'électricité du verre au bouchon de liège, et le déplacement rapide du fluide électrique ou mieux la possibilité d'une rapide propagation de mouvement par l'électricité. Des baguettes plus longues avec des morceaux de cuivre donnèrent à Grey le même résultat. Il opéra avec les mêmes tubes de plus en plus longs, en se plaçant successivement aux divers étages de sa maison, montant toujours plus haut, avec un autre observateur dans la cour, tenant l'autre bout des tubes, et les résultats furent toujours identiques, les corps légers toujours attirés avec rapidité comme si la distance n'avait nulle influence.

Grey opéra même sur le toit de sa maison et fût certainement monté en ballon... si les aérostats avaient existé! Mais il pensa à multiplier la longueur par l'enroulement et suspendit les tubes par des cordes de chanvre... Déception cruelle : plus de phénomènes! Grey ne se découragea pas et conféra avec son ami le physicien Wehler : la corde de chanvre verticale reliée à un tube électrisé continuait d'attirer les corps légers, mais la disposait-on horizontalement que l'on ne constatait plus rien. Opérant avec un tube très lourd et craignant qu'une corde de chanvre ne se rompît sous le poids, Grey pensa à une corde de soie; l'expérience réussit, mais ainsi fut constatée la différence de certains corps vis-à-vis de l'électricité : les uns la laissant circuler et se perdre, c'était le cas des cordes de chanvre horizontales et fixées aux murs de la maison; les autres la maintenant, l'empêchant de passer, la soie, notamment, qui la localisait en son milieu de production. Il y avait donc des *corps conducteurs* et des *corps non conducteurs de l'électricité.*

DIVISION DES CORPS PAR RAPPORT A L'ÉLECTRICITÉ

Grey et Wehler ne saisirent pas tout d'abord cette différence, mais avec la répétition des expériences, ils reconnurent que le verre, la résine, le soufre, le diamant, les huiles, les oxydes métalliques, sont *mauvais conducteurs*, et les métaux, les liqueurs acides ou alcalines, l'eau, le corps des animaux, sont *bons conducteurs de l'électricité.* Ils virent encore que ce fluide pouvait se propager jusqu'à 765 pieds, mais il fallut encore maintes années pour en admettre le transport indéfini. C'est ainsi que les découvertes se produisirent peu à peu, fruits d'efforts incessants et superposés.

De 1733 à 1735, Dufay, intendant du jardin du Roi, prédécesseur de Buffon en cette charge, prouva que tous les corps sans exception peuvent être électrisés par le frottement, à la condition de les tenir par un manche de verre ou de résine, c'est-à-dire *isolés*. Dufay vit encore la propagation de l'électricité à 1.200 pieds, sa déperdition dans l'air, les deux natures d'électricité, la *vitrée*, celle du verre, du cristal de roche, des pierres précieuses, du poil des animaux, de la laine et de beaucoup d'autres corps, — la *résineuse*, celle de l'ambre, de la gomme copale, de la gomme laque, de la soie, du fil, du papier... Ces deux électricités se repoussent elles-mêmes et s'attirent l'une l'autre : le corps électrisé de fluide vitré, depuis appelé positif, repousse ce fluide vitré et attire le résineux ou négatif. La nature de l'électricité d'un corps quelconque se peut ainsi facilement reconnaître.

L'ÉTINCELLE HUMAINE

Dufay fut très populaire, connu du grand public même, par son expérience de production d'étincelles électriques aux dépens du corps humain : « Ayant attaché au plafond, dit Louis Figuier, en ses *Merveilles de la science*, deux cordons de soie destinés à produire l'isolement électrique, Dufay se coucha sur une petite plate-forme supportée en l'air par des cordons de soie, et il se fit électriser, par le contact d'un gros tube de verre frotté. L'abbé Nollet, qui débutait alors dans la carrière des sciences, lui servait d'aide dans cette tentative intéressante. Lorsque Nollet vint à approcher son doigt à une petite distance de la jambe de Dufay, il en partit aussitôt une vive étincelle. C'était le fluide électrique qui, pour la première fois, s'élançait entre le corps de deux philosophes... »

Leur surprise fut grande et inoubliable, ainsi que l'écrivit l'abbé Nollet. Ce fut un grand succès pour Dufay.

L'Allemand Boze, de Wittemberg, revint alors au globe de verre, sorte de simple bouteille sphérique, traversée de part en part d'une tige de fer. Il y ajouta un conducteur en fer-blanc pour conserver et emmagasiner le fluide une fois produit, mais un homme, lui-même isolé sur un plateau de résine, tint d'abord ce conducteur, puis on fit porter celui-ci sur des cordons de soie fixés au plafond.

Quel outillage compliqué! Quelle mise en scène obligatoire! Que d'opérateurs nécessaires pour recueillir un peu d'électricité! On n'allait pas alors... à la vapeur, ni même à l'électricité,... comme aujourd'hui où l'on veut que les appareils fonctionnent pour ainsi dire avant que l'on y ait touché! Et avec ces moyens imparfaits, que de travaux intéressants! Quel mérite pour ces précurseurs si souvent et si injustement oubliés! Combien peu l'électricité statique a progressé scientifiquement depuis, même avec nos appareils merveilleux, marchant par tous les temps, tournant seuls! Aussi ne refaisons-nous pas ici, malgré les apparences, un historique, mais bien un exposé actuel — ou à peu près — du fluide appelé depuis quelques années franklinien et qui pourrait, au lieu de s'appeler du nom de Franklin, porter celui d'autres contemporains: Marat, Nollet, de Romas, aussi autorisés, sinon plus!

En 1747, l'abbé Nollet publiait son *Essai sur*

l'électricité des corps. Il avait inventé, lui aussi, un appareil générateur. L'outillage se perfectionnait peu à peu et simplifiait l'expérimentation. La bouteille de Leyde trouvée par quelques chercheurs, aidés toujours de ce bienveillant hasard qui est seulement propice pour eux, permettait de porter à distance l'électricité pour la mieux étudier. Priestley attribue à l'unique Musschenbroeck, opérant en présence de Cuneus, Allaman, Kleist et Commin de Leyde, l'idée de conserver le fluide de frottement en un corps conducteur isolé, c'est-à-dire entouré de corps mauvais conducteurs. L'expérience réussit tellement bien, malgré la faible *capacité* — le petit pouvoir de concentration de l'appareil pour le fluide — que Musschenbroeck ressentit une si vive impression qu'il se crut mort et déclara même « qu'il ne s'exposerait pas une seconde fois au même choc quand on lui offrirait la couronne de France » !

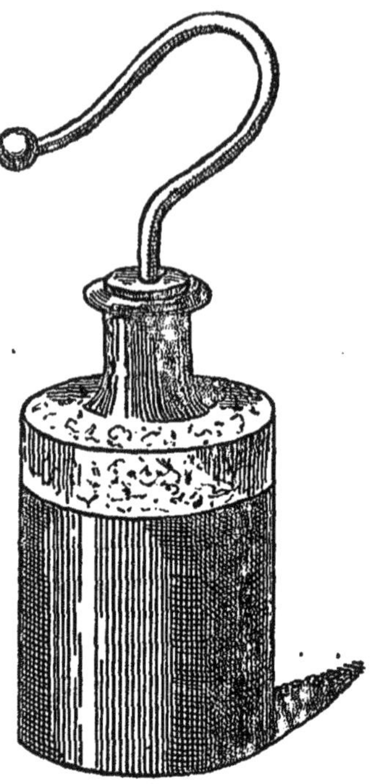

Fig. 8. Bouteille de Leyde.

MACHINES ÉLECTRIQUES ACTUELLES ET LEURS PHÉNOMÈNES

Après la machine de l'abbé Nollet, on eut la machine d'Adams qui, faisant tour à tour communiquer le sol avec les coussins frotteurs ou le verre qui passait entre eux, obtenait à volonté l'électricité statique positive ou négative. Nairne et Van Marum utilisèrent plus tard cette disposition. En 1768, Ramsden imagina un plateau de verre circulaire au lieu de la boule jusque-là employée; c'est encore la machine classique de nos établissements d'instruction : le plateau de verre tourne, se chargeant d'électricité vitrée ou positive, entre des coussins recouverts de bisulfure d'étain ou or mussif qui, eux, se chargent résineusement ou négativement. Ajoutez à ce dispositif un plateau d'ébonite s'influençant par sa rotation non loin du verre et se chargeant de fluide inverse, lequel à son tour réagit de même sur le conducteur voisin qui est ainsi chargé positivement, et l'on a la récente machine Carré.

Les expériences intéressantes de l'époque, et qui passionnèrent tous les esprits, furent la *danse des pantins,* attraction des corps légers ayant cette forme et qu'une personne *isolée* avait l'air de diriger avec la main, les faisant réellement se démener par le fluide qui l'imprégnait ; l'inflammation de l'esprit de vin par un opérateur *isolé* et qui approchait une épée de ce liquide inflammable. L'abbé Nollet, à côté de ces expériences sensationnelles, fit des tentatives physiologiques dont nous aurons longuement à parler plus tard.

Mais la vitesse de propagation électrique fut recherchée par Lemonnier, au Jardin des Plantes d'abord, au couvent des Chartreux ensuite, par Martin Folckes, Cavendish et Bovis, à travers la Tamise près du pont de Londres, à Westminster : ils purent allumer de l'alcool sur une rive, l'eau servant de conducteur à l'électricité d'une bouteille de Leyde placée de l'autre côté. Allumer à travers l'eau une substance inflammable, véhiculer le feu au sein de l'élément liquide étonnerait peut-être encore maintes personnes à notre époque.

Mais que l'on se reporte d'un siècle et demi en arrière, et que l'on juge de l'étonnement, de la stupéfaction de nos ancêtres du XVIIIe siècle, qui durent croire, pour le moins, le diable descendu ici-bas, d'autant plus que l'odeur soufrée, l'odeur électrique ozonée prêtait merveilleusement en la croyance, en l'apparition des suppôts de l'enfer !

THÉORIES ÉLECTRIQUES

Franklin, de son côté, expérimentait avec ses collègues d'une sorte de petit club scientifique, portant l'étrange nom, à côté, de — *Société littéraire* — qu'il avait fondée, en son laboratoire de Philadelphie. Là, il brisait les vitres... au sens réel du mot, perçait les corps ou les volatilisait, tuait des animaux d'assez grande taille, voyait l'identité de la bouteille de Leyde et de deux lames d'étain collées sur une unique lame de verre qui les sépare, forme actuelle de maints condensateurs, et appelée depuis condensateur d'Œpinus. Il édifiait sa théorie du fluide unique que reprit plus tard et développa Marat, en ses *Recherches physiques sur l'électricité.*

Fig. 9. Franklin.

Marat est le véritable précurseur des théories actuelles, il admet une seule électricité se produisant sous diverses causes, et en quantités diverses en les corps, selon leur nature, les phénomènes d'influence ou d'action à distance des agents avoisinants; certains se chargent *plus* et d'autres *moins;* par la loi naturelle d'équilibre, de l'action égale à la réaction : celui qui a plus, qui est *positif*, tend à donner à celui qui a moins, qui est *négatif;* le positif va donc vers le négatif, de même que si de deux pièces d'un appartement, l'une est chauffée et l'autre peu ou point, la chaleur va de la pièce chaude à la pièce froide.

La tendance à l'équilibre, à l'égal partage des forces voisines est inéluctable en la nature. — Marat s'inspire de cette grande loi et son hypothèse d'hier est la théorie d'aujourd'hui. Les corps très chargés d'électricité ou à haut *potentiel* tendent — si rien d'isolant ne les en sépare — à abandonner de leur fluide aux moins chargés ou même aux corps n'en ayant pas, à *potentiel* nul ou moindre. Sauf cette dénomination nouvelle de potentiel, Marat a dit tout cela. C'est là la tension, la pression, la force électromotrice, le *voltage* électrique. S'agit-il d'apprécier la quantité, le volume d'électricité, nous aurons l'intensité, l'*ampérage*.

Franklin chargea en *cascade* des séries de bouteilles de Leyde suspendues l'une sous l'autre et ainsi de suite, et par conséquent reliées par leurs armatures contraires.

LA FOUDRE ET L'OZONE

L'assimilation de la foudre et de l'électricité se fit rapidement. Otto de Guéricke et Grey avaient fait du fluide électrique la base des actions de notre système planétaire. Boerhave et Baron expliquèrent la production de l'électricité atmosphérique par les différences de température de l'air ambiant et les frottements de ses couches constituantes ; ces idées, par suite des détails qui les accompagnaient et invraisemblables, furent rejetées. Ce qui est certain cependant, comme causes de l'électricité atmosphérique, ce sont les frottements des nuages, des couches d'air, de la vapeur d'eau ou la condensation de celle-ci qui fait se rapprocher des molécules se heurtant ; l'électricité est alors décelée soit par des appareils spéciaux, soit par l'électrisation de l'oxygène ainsi produit. Quand l'oxygène électrisé est en abondance dans l'air, on le reconnaît à une odeur spéciale, un peu alliacée, soufrée, dont nous avons déjà parlé et qui lui a fait donner le nom d'*ozone*. La quantité d'ozone constitue une sorte d'électromètre; elle existe d'autant plus que la condensation de vapeur d'eau est active, autrement dit, que le temps est humide, ainsi que l'ont constaté Palmieri, de Pietra Santa, A. Fortin, Foveau de Courmelles...

Cette odeur d'ozone — ce corps étant alors inconnu cependant — avait été constatée et décrite en maints livres anciens. Certains orages, à cause de cette exhalaison de l'air qualifiée de soufrée, sentaient, disait-on, les maléfices diaboliques.

LA FOUDRE PROVOQUÉE

Le tonnerre a été très décrit en ses manifestations, peu dangereuses d'ailleurs, puisque c'est le bruit de la crépitation de l'espace perçu par l'oreille quelque temps après la vision du phénomène, alors que celui-ci est fini.

On semble avoir connu dans l'antiquité le moyen d'attirer la foudre et de la conduire au loin pour éviter ses dégâts. Mais il faut arriver, là encore, au XVIIIe siècle, pour trouver des études rationnelles et fécondes. Franklin avait constaté le *pouvoir des pointes*, c'est-à-dire la possibilité d'écoulement du fluide électrique à l'extrémité des corps très amincis, par suite l'impossibilité à l'électricité d'y séjourner, et aussi la faculté d'attirer ainsi l'électricité des corps voisins ou de l'air ambiant. En ses *Lettres à Collinson*, dédaignées d'abord de la *Société Royale de Londres*, mais que le grand public prisa fort, l'électricien de Philadelphie décrivait ses expériences de laboratoire et les idées qu'elles lui suggéraient.

Le succès européen du livre provoqua des travaux analogues et des tentatives audacieuses. C'est ainsi que furent faites en France *pour la première fois*, ces folles provocations, pourrait-on dire, de l'électricité atmosphérique par des pointes placées sur sa maison, place de l'Estrapade, par Delor, en son jardin de Marly-la-Ville, par Dalibard sur les conseils de Buffon, et enfin par ce dernier en son château de Montbard. Les expérimentateurs tirèrent des étincelles de la barre ainsi électrisée par des orages, reçurent même des commotions très violentes, mais on n'eut que des débuts heureux, c'est-à-dire pas d'accidents de personnes. Lemonnier, à Saint-Germain, constata même la présence de l'électricité par un temps serein.

Fig. 10. De Romas.

De Romas, de Nérac, ayant appris ces faits, les répéta, parla en 1752 de son idée d'expérimenter avec un appareil plus élevé que tous ceux employés jusque-là, et cependant

« *un simple jouet d'enfant* ». Il le fit l'année suivante, avec un cerf-volant relié à une longue corde de chanvre et de cuivre enroulés ensemble, lui à distance, tenant par son manche isolant une tige conductrice et tirant ainsi des étincelles énormes, en présence du Tout-Nérac d'alors, environ 1.200 personnes. Plus tard, à Bordeaux, l'odeur d'ozone aidant, il fut pris pour un suppôt du diable, eut son instrumentation détruite et dut fuir pour ne pas être écharpé. De son côté, à la même époque, ainsi que l'a rapporté plus tard le fils de Franklin, le père et le fils opéraient seuls aux environs de Philadelphie, avec succès et sans accidents, quoique non isolés et dans des conditions scientifiques défectueuses que l'on est étonné de rencontrer là. Ce fut le grand chagrin de de Romas de se voir méconnu et taxé de plagiaire par Franklin, Priestley, malgré l'arrêt de priorité rendu en sa faveur, en 1764, par l'Académie des sciences de Paris.

LES PARATONNERRES

Mais de ces travaux multiples étaient nés les *paratonnerres*, tiges attirant la foudre et placées sur le toit des maisons; les premiers attirèrent la colère du peuple, une municipalité du Nord y perdit un procès et Robespierre, avocat, commença ainsi sa célébrité... Puis chacun eut son paratonnerre, les dames sur leurs parapluies et leurs chapeaux...

Une pointe métallique surmonte les édifices et conduit le fluide aérien en des puits où il ne peut plus causer aucun dommage. Les églises avaient été frappées maintes fois au moyen âge, surtout avec la fâcheuse habitude d'alors, de sonner les cloches en temps d'orage pour apaiser la colère divine. La zone d'action du paratonnerre est limitée, on constata bientôt l'efficacité de l'instrument même pour les navires, mais non absolue. M. Melsens, de Bruxelles, eut alors l'idée d'entourer les monuments élevés et par suite plus menacés de la foudre que leur entourage, de pointes petites et multiples, celles-ci étant reliées à des conducteurs horizontaux en contact à leur tour avec le sol par des tiges métalliques. La communication avec le sol se fait par des puits contenant des substances conductrices, de l'eau, de la braise de boulanger, etc. Cela donne un air quelque peu rébarbatif, hérissé de pointes, aux édifices, mais les protège plus efficacement qu'une seule pointe, si élevée soit-elle. La *décharge* de l'air, c'est-à-dire l'absorp-

Fig. 11. Parapluie-paratonnerre.

tion de son électricité se fait ainsi par fraction, mais est réelle. Et l'Hôtel de Ville de Bruxelles, ce curieux morceau de dentelles en pierre, si fin, si ouvragé, a subi la comparaison des deux systèmes de paratonnerres, et pour cause, le système dit de Franklin s'étant montré insuffisant selon l'importance ou l'étendue de l'objet à protéger; on a donc deux moyens, la tige unique ou les pointes multiples. Ainsi sont actuellement protégés les édifices publics, les églises, les navires, les magasins à poudre...

Fig. 12. Le chapeau-paratonnerre des dames en 1778.

LES ÉLECTROMÈTRES

Le cerf-volant de de Romas a passionné le XVIIIe siècle et a été renouvelé par maints observateurs audacieux, à son époque seulement, car ce siècle a considéré comme acquis ces résultats, sauf sur ces derniers temps où ils reviennent à la mode... scientifique. Si on le relie à deux feuilles d'or qui s'écartent — *électroscope* — quand elles reçoivent de l'électricité, atmosphérique ou autre, il constitue un appareil pouvant déceler celle-ci même en les hautes couches aériennes. Des appareils plus parfaits, de sir William Thomson, Mascart, mesurèrent des pressions électriques ou *potentiels* très faibles. Une flèche lancée en l'air et reliée métalliquement aux mêmes appareils — électroscopes à feuilles d'or ou électromètres — peuvent mesurer l'état électrique aérien. La constatation, la mesure de l'ozone ambiant, si facile avec du papier imprégné d'amidon et d'iodure de potassium, constitue également un excellent électromètre, et l'on a remarqué que sa quantité dans l'atmosphère augmentait avec la hauteur à laquelle on s'élevait.

L'électricité statique ou aérienne est donc sensiblement connue comme au siècle dernier, et elle est quelque peu dédaignée, d'ailleurs, en présence des prodiges de sa sœur cadette, l'électricité dynamique ou en mouvement, qui a bouleversé l'industrie et la face du monde en moins d'un siècle. Et l'esprit *scientifique*, conséquence de ses procédés de transmission, de communication, est en train, de par elle, de changer les mœurs, les idées, les tendances des esprits, tout ce qui est humain en un mot !

CHAPITRE IV

LES COURANTS CONTINUS

Pile de Volta et piles voltaïques. — L'électrolyse par Cruikshank et Davy. — Piles voltaïques, polarisation, accumulateur. — Piles à deux liquides. — Théorie chimique et Unités électriques. — Galvanoplastie, dorure et argenture. — Lois de Ohm.

PILE DE VOLTA : PILES VOLTAÏQUES

L'expérience de l'immortel « maître de danses de grenouilles » d'Aloysius Galvani lui a suscité un non moins immortel contradicteur. « Nous sommes dans la ville de Cosme, en Milanais, dit Louis Figuier, pendant les premiers jours de l'année 1800, tout à fait à l'aurore du grand siècle des sciences physiques. Si nous entrons dans le cabinet d'un physicien retiré dans cette ville, à la fin d'une longue carrière d'enseignement, nous y apercevrons un homme déjà âgé, qu'entoure tout un étrange attirail. Des pièces d'argent monnayé, des rondelles ou palets de zinc et de cuivre sont épars autour de lui. Sur sa table, se dressent trois baguettes de bois, entre lesquelles il vient de superposer avec le plus grand soin, et toujours dans le même ordre, un palet de cuivre, un palet de zinc, une rondelle de drap mouillé; puis encore, et toujours dans le même ordre, un palet de cuivre, un palet de zinc, une rondelle de drap mouillée... »

C'est la *pile*, nom donné provisoirement par Alexandre Volta, le grand savant dont il vient d'être question et qui l'inventa. Le nom est resté.

La pile devenant horizontale et séparée en une grande auge par des cloisons de bois est la pile à auges de Cruikshank. Chaque élément est-il en un vase séparé, c'est la pile à couronnes de tasses. Le zinc et le cuivre d'un élément sont-ils soudés ou placés diversement, on a les piles de Muncke de Wollaston, en hélice...

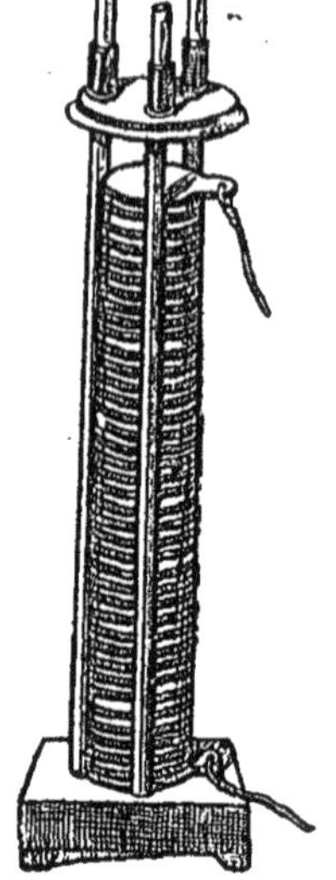

Fig. 13. Pile à colonne.

L'ÉLECTROLYSE PAR CRUIKSHANK ET DAVY

Le premier consul fut un admirateur enthousiaste de Volta et du galvanisme. Ce fut mieux encore quand il vit les décompositions chimiques trouvées par Cruikshank, et le transport des éléments des sels à leurs pôles respectifs. L'*électrolyse* était trouvée. Davy décomposa bientôt la potasse, la soude, la chaux, considérées jusque-là comme des corps simples et qu'il démontra être complexes, formés de métaux : Kallium ou potassium, natrium ou sodium, calcium, qui se portaient d'un côté du courant, et d'un corps gazeux, l'oxygène, allant de l'autre côté. Faraday devait plus tard formuler les lois de l'électrolyse.

On remarquait déjà le sens du courant, allant extérieurement du pôle positif au pôle négatif. Le premier pôle désigné encore par le signe +, est constitué par le métal le moins attaqué par l'acide, c'est le cuivre ; le second (—), par le

Fig. 14. Sir Humphry Davy.

métal le plus attaqué, le plus détruit, le plus corrodé par l'acide sulfurique ou huile de vitriol, c'est le zinc. Extérieurement à la pile, l'électricité chemine du cuivre au zinc; et, intérieurement, fermant ainsi le cercle, *fermant le circuit*, du zinc au cuivre. On remarque de suite après les expériences de Nicholson et de Cruikshank et surtout celles de Davy la propriété constante, immuable, — plusieurs corps étant en présence, — de se diriger les uns au pôle négatif — les métaux, — les autres au pôle positif — les métalloïdes. D'après les lois électrostatiques de Coulomb — l'identité des fluides statique et galvanique ayant été alors reconnue par Van Marum — les fluides contraires s'attirant, on put bientôt appeler *électro-positifs* les corps ainsi attirés par le pôle négatif, et inversement *électro-négatifs* les métalloïdes attirés par le pôle positif.

Combien passionnèrent ces études ! Pour s'en rendre compte, il faut s'imaginer l'encombrement, les dépenses et les soins motivés par ces éléments de pile répétés à l'infini, embarras sans nombre devant lesquels ne reculaient pas les chercheurs ! Ainsi Tromsdorff, en Allemagne, avec une pile de cent quatre-vingts éléments eut de très beaux phénomènes de combustion ; et, interposant entre les deux pôles de la pile des feuilles d'or, d'argent et de cuivre, il enflamma ces divers métaux. Pepys, en Angleterre, fit la plus grande pile alors connue, en février 1802, avec deux grandes auges, trente-deux livres d'eau, deux livres d'acide azotique et soixante paires de plaques carrées de six pouces de côté. On brûla des fils de fer, du charbon, du plomb, de l'argent, de l'or, du platine ; l'action se produisait même à travers seize personnes se tenant par les mains préalablement humectées !

Les actions physiologiques eurent aussi leur grande heure de succès, nous y reviendrons. Mais Davy continuait ses études chimico-électriques, et combien fécondes ! Que d'hypothèses en tirèrent Cruikshank, Désormes, Brugnatelli, Monge, sur la nature des corps, de l'eau par exemple alors considérée comme une combinaison d'acide azotique et d'ammoniaque, et quelle vive lumière projetèrent sur les alcalis ou les autres substances *électrolysées* les beaux travaux de Davy! Berzélius et Pontin travaillaient de leur côté et avaient trouvé des artifices, des moyens de bien isoler les corps que mettait en liberté le courant et qui, ayant alors cette propriété spéciale, dite de l'*état naissant*, tendaient à se recombiner de suite. En 1808, Davy présentait à l'Institut de France un mémoire remarquable qui fut couronné. L'émulation scientifique était à son comble. Napoléon n'avait vu que croître son enthousiasme, et il offrait à l'École Polytechnique une pile *voltaïque* de 600 couples de cuivre et de zinc de 9 décimètres carrés pour chaque plaque, toute la batterie ayant 54 mètres carrés de surface. Gay-Lussac et Thénard *électrolysèrent* les carbonates de potasse et de soude, obtenant ainsi en grande quantité le potassium et le sodium. A Londres, on se piqua d'amour-propre, et une souscription publique offrit à Davy la plus belle batterie que l'on eût encore vue : c'était deux cents couples de Wollaston ; Davy put ainsi découvrir l'*arc voltaïque* ou *lumineux* de la pile, principe de la lumière électrique.

PILES VOLTAÏQUES, POLARISATION, ACCUMULATEUR

Les piles se perfectionnaient, la surface des éléments s'augmentait. Pour les rendre transportables, Zamboni de Vérone construisait des piles dites sèches, où le liquide acide était remplacé par un corps solide, légèrement humide ; avant lui, Deluc de Genève, en 1809, avait présenté à la Société Royale de Londres une pile à colonne de trois cents disques de zinc et autant de papier doré d'un seul côté.

L'ensemble de ces premières piles a été appelé légitimement *voltaïques* du nom de Volta. Bientôt elles ne suffirent plus, on devenait exigeant au fur et à mesure que l'on obtenait de plus grands effets. Le liquide actif, eau acidulée, qui réagissait sur le cuivre et le zinc, en se décomposant donnait des gaz, de l'hydrogène notamment qui venait former un vernis gazeux sur la lame de cuivre, puis reprenait l'oxygène du sulfate de cuivre formé pour donner notamment de l'eau et du cuivre se déposant, sur le cuivre; ces réactions multiples produisent en effet un courant nouveau allant en sens inverse du premier, diminuant par suite celui-ci et pouvant arriver même à le détruire s'il lui est égal, c'est la *polarisation*. La polarisation est donc un phénomène d'électrolyse secondaire contrariant le courant principal.

L'électrolyse de l'eau donne de l'hydrogène et de l'oxygène. Si l'eau traversée par le courant est extérieure à la pile, si ce sont deux lames de platine qui y plongent amenant le fluide électrique, on a un appareil spécial appelé *voltmètre*. Si ce sont deux lames de plomb qui ainsi se recouvrent des gaz hydrogène et oxygène et les absorbent, en donnant de l'hydrure et de l'oxyde de plomb, le courant de polarisation tendant à reformer l'eau si l'on rejoint les deux lames de plomb pourra être utilisé : ce courant de sens contraire, si nuisible tout à l'heure, parce qu'il se superposait au premier pour l'amoindrir, va être pris isolément, transporté au loin si l'on veut, avec son énergie propre, aussi grande que l'on veut, c'est le principe de l'*accumulateur électrique* ou des *piles dites secondaires*, parce que dérivées des premières ou *primaires*.

Et l'on transforme en une qualité précieuse le grand défaut des piles voltaïques !

PILES A DEUX LIQUIDES

Dans la pratique ordinaire, le courant secondaire ou de polarisation de ces piles a été supprimé en faisant absorber l'hydrogène nuisible par une substance oxygénante qui, cédant son oxygène, forme immédiatement l'eau, substance neutre. Cette addition de la substance oxygénante dissoute constitue une légère complication, un second liquide ajouté à la pile voltaïque, de là le nom de *piles à deux liquides* donné aux piles actuelles contenant toutes un agent dépolarisant.

En séparant tout d'abord, au sein d'une solution saline, le cuivre et le zinc d'un élément de pile par une cloison poreuse, M. Becquerel, en 1829, obtint une pile plus constante mais incommode. Le chimiste anglais Daniell, en 1836, pour empêcher le dépôt de zinc, du sulfate de zinc voltaïque, sur le cuivre, constata que le sulfate de cuivre en solution et séparé de l'eau acidulée où trempait le zinc, donnait un courant constant et durable; de là la pile de Daniell formée d'un vase central poreux contenant un corps inattaqué, de cuivre, en une solution de sulfate de cuivre, et d'un vase extérieur vernissé contenant à la fois le vase poreux et le zinc plongeant dans son eau acidulée.

C'est là un procédé chimique compliquant la pile en poids, substances et accessoires.

La pile de Daniell a tenu longtemps la tête par sa résistance et sa durée. Sa force électromotrice ou potentiel est considérée sensiblement comme l'unité de tension électrique, c'est le *volt*.

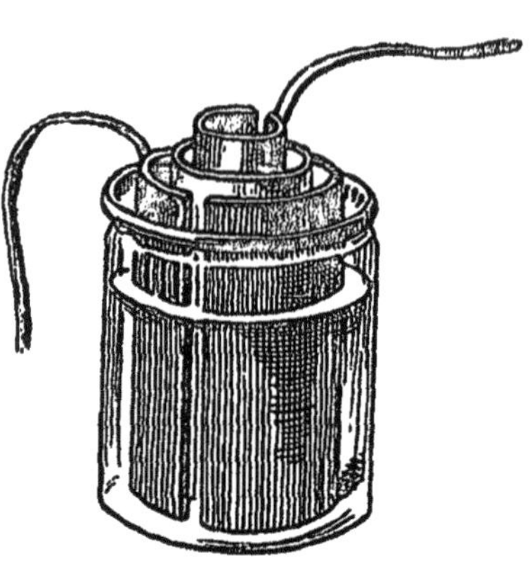

Fig. 15. Pile de Daniell.

Toutes les autres piles à deux liquides en dérivent, le zinc et l'acide sulfurique généralement conservés, mais le contenu ou la forme du vase poreux a diversement varié; avec M. Vérité, de Beauvais, la solution de sulfate de cuivre se maintenait saturée par un ballon en contenant des cristaux et y plongeant; M. Callaud, de Nantes, utilisait les densités différentes des solutions de sulfate de cuivre et d'acide sulfurique pour supprimer même le vase poreux ; Marié-Davy plaçait en ce dernier du mercure et du sulfate de mercure ; Grove, du platine et de l'acide azotique ; Bunsen, ce dernier liquide avec du charbon ; Leclanché, du charbon et un aggloméré de bioxyde de manganèse, mais le pôle négatif qui est toujours du zinc est attaqué par du sel ammoniac. Cette dernière pile est très employée pour les sonneries ou autres appareils domestiques, on l'a modifiée aussi diversement; manque-t-on par exemple de chlorhydrate d'ammoniaque, on y peut mettre du sel de cuisine. Une modification permettant une construction facile de pile donnant un courant faible, consiste à mettre le pôle positif en charbon dans un linge renfermant du sable mouillé, le négatif étant attaqué par une solution de sel de cuisine (Foveau de Courmelles). La pile de Grenet place en un même vase les liquides (solution de bichromate de potasse ou de soude et eau acidulée), le zinc et le charbon; c'est encore là un appareil très commode et très précieux.

Il semblait qu'on dût s'en tenir là, la question des piles primaires étant trop ancienne pour passionner encore, pour être étudiée, mais voilà qu'en ces derniers temps, M. le docteur Fontaine-Atgier a trouvé un moyen tout autre, purement physique et ouvrant une voie nouvelle. Il a découvert que l'hydrogène était en quelque sorte appelé par les mailles d'un treillis en fer. Le gaz monte et file tumultueusement au milieu d'une gaîne de treillis de fil de fer. C'est tout à fait bizarre. En sorte qu'il n'y a plus polarisation et la pile fonctionne sans arrêt. L'élément de pile de l'inventeur est ainsi constitué: Un vase en tôle de fer étamée; au centre, une lame de zinc; autour de cette lame, un cylindre en treillis, et puis, suspendus sur le bord du vase, une série de petits cylindres en treillis reliés entre eux et au cylindre central. L'eau est non pas acidulée, mais alcalinisée à la soude. L'oxygène de l'eau se porte sur le zinc, qu'il brûle, et l'hydrogène s'en va aux treillis. L'aspiration du gaz par les cheminées de treillis est telle qu'on voit l'eau bouillonner. Une pile, formée avec ces éléments, a fonctionné pendant plus de soixante-douze heures consécutives avec une résistance de 0,1 ohm. La force électromotrice est faible, 0,45 volts. L'intensité moyenne est d'environ 2 ampères, et l'usure du zinc, de 125 grammes par ampère-heure. Cette pile est vraiment constante. Ce qui est curieux, c'est que les treillis emmagasinent les gaz, oxygène et hydrogène. Ils pourront donc servir sans doute à constituer une pile secondaire, soit un *accumulateur* autrement léger que les accumulateurs en plomb en usage aujourd'hui. Cette nouvelle pile qui vient de naître (mai 1899) pourrait donc grandir (H. de Parville).

Depuis encore, M. Fontaine-Atgier a imaginé une pile à double excitation (soude et acide azotique), où, avec des zincs très petits, il obtient le plus haut voltage obtenu jusqu'ici (2 v. 5), ce qui permet économiquement la lumière domestique et maintes applications électriques courantes.

Les gaz emmagasinés en des substances légères, en des tissus même, sont l'objet des recherches de MM. Ch. Henry, Max de Nansouty, en France, et de maints étrangers. La diminution de poids des *accumulateurs* est l'idéal à trouver pour résoudre maintes questions industrielles.

Pour les manipulations de laboratoire, les

recherches des amateurs d'électricité, les piles sont et resteront longtemps encore utiles.

THÉORIE CHIMIQUE ET UNITÉS ÉLECTRIQUES

La théorie chimique de Fabroni est, en toutes ces piles, prédominante. Ce n'est pas la simple théorie du contact de Volta, vraie seulement pour les piles formées de métaux différents soudés ensemble, principe des piles *thermo-électriques*, où le chauffage des soudures augmente le fluide électrique en contact.

L'énergie chimique des piles qui s'apprécie d'après leur pression, leur force électromotrice ou *voltage* peut produire des effets mécaniques comme la foudre ou l'électricité statique qui s'apprécie en unités spéciales (*ergs, dynes*..); en effets physiologiques ainsi que nous le verrons ; en effets lumineux ou calorifiques et en effets chimiques ou électrolytiques d'après la force, l'intensité, l'*ampérage* du courant, proportionnellement au temps pendant lequel passe celui-ci, c'est-à-dire selon la quantité d'électricité dépensée (*coulombs*), selon l'énergie électrique consommée (*watt* ou *volt-ampère*). L'eau décomposée en ses gaz constituants, hydrogène et oxygène, fournit ainsi, par le volume de ces gaz dégagés en un voltmètre, un élément d'appréciation de la quantité d'électricité. Un milligramme d'hydrogène obtenu en une seconde par la décomposition de l'eau exige un courant de 96 ampères (Weber, Mascart). Ce phénomène des piles primaires est-il accumulé en des lames de plomb susceptibles de le reproduire au moment voulu et en sens inverse, c'est-à-dire de reformer de l'eau au lieu de la décomposer, on a les *piles secondaires* ou *accumulateurs* déjà cités. C'est Gaston Planté qui a imaginé ces ingénieux réceptacles de l'énergie électrique,qui permettent de l'emmagasiner, de la transporter sans avoir aucune manipulation à faire au moment de leur usage. Malheureusement leur poids, quoique bien diminué en ces dernières années, est encore considérable, ce qui limite leur emploi.

GALVANOPLASTIE, DORURE ET ARGENTURE

L'électrolyse transporte les métaux ou corps électro-positifs au pôle négatif et *vice versa*, au sein des solutions où passe le courant venu d'une pile. On peut donc décomposer à volonté un sel d'or, d'argent ou de cuivre et faire porter le métal isolé sur un objet placé au pôle négatif et qui se recouvrira ainsi d'un enduit d'or, d'argent ou de cuivre. C'est ainsi que se font là *dorure*, l'*argenture*, la *galvanoplastie*.Un moule en gutta-percha prend l'empreinte en creux d'un objet, on métallise avec de la plombagine ou mine de plomb le moule dont la substance est isolée, on l'accroche par un fil métallique au pôle négatif, le pôle positif étant formé du métal (ici le cuivre) qui se doit déposer, en une solution de sulfate de cuivre, et l'on aura la *reproduction galvanoplastique* en cuivre de l'objet. Si le même ou tout autre objet est placé négativement dans une solution de cyanure de potassium et d'argent, il s'*argentera ;* si la solution est de cyanure de potassium et d'or, il se *dorera*. Si l'objet a deux faces, on les pourra reproduire sur la gutta-percha — *vulgo* gutta — des deux côtés, on les métallisera et l'on aura l'objet en cuivre, en argent, en or, à volonté. Nous avons supposé qu'on opère en une solution métallique extérieure où l'on fait passer le courant, c'est l'appareil le plus commode, quoique complexe; mais la pile elle-même peut être le récipient galvanoplastique ; il suffit de faire porter à son pôle positif une lame du métal qui doit se déposer et l'objet à recouvrir placé plus bas, le pôle négatif étant du zinc comme d'ordinaire. Dans le corps humain, le phénomène sera le même. Longtemps on l'a cru *continu*, comme le courant producteur, c'est-à-dire régulier, non interrompu, il n'en est rien, l'électrolyse est un phénomène rapide, mais discontinu, et par suite utilisable comme interrupteur de courant (Wehnelt).

LOIS DE OHM

La théorie de la pile qui nous apparaît évidente: l'*action chimique*, fut très longue à se dégager. Galvani avait admis le fluide vital, Volta le fluide de contact, et Fabroni, qui donnait tort à l'un et à l'autre, n'avait pas été écouté. Tous trois, nous l'avons dit, avaient raison. Nous étudierons le fluide vital; nous avons vu le fluide de contact des piles dites *thermo-électriques*, et que Seebek, Nobili, Melloni, Pouillet, Becquerel utilisèrent et qui peuvent constituer des thermomètres ultrasensibles; le fluide chimique nous est apparu indiscutable, comme à Wollaston, en même temps qu'à Gautherot, dès 1801, alors qu'il essayait de substituer la théorie chimique à celle du contact.

Pour Priestley, le phlogistique (la chaleur) était en cause ; de même Bostok, de Londres. La théorie allemande de l'oxydation fut soutenue par Ritter, Bucholz, Heimand. Mais le physicien russe de Dorpat, Parrot, se proposa « d'instruire de toutes pièces le procès du physicien de Pavie » et démontra irréfutablement que le contact seul, les doigts de l'opérateur étant secs pour ne pas agir chimiquement, ne produisait aucun courant;

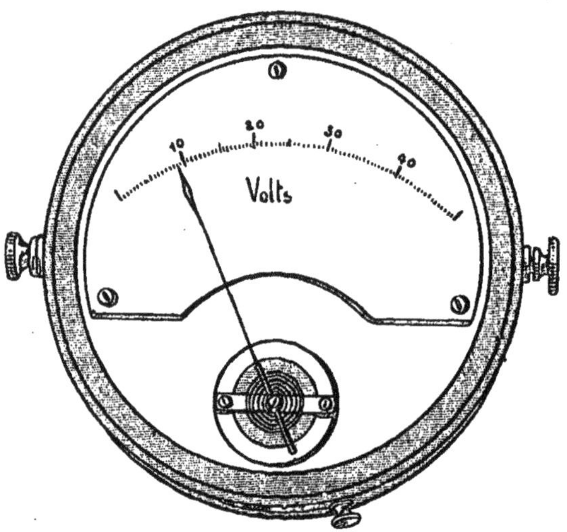

Fig. 16. Appareil de mesure : Voltmètre.

cependant Pfaff, Biot, Behrendo, Hildebrant, et enfin Ohm semblèrent confirmer la théorie électromotrice de Volta. Ce fut Ohm qui, en 1820, posa les trois lois suivantes, lois fondamentales établies sur de nombreuses recherches motivées par des idées théoriques :

1° Dans un couple voltaïque quelconque les

forces électromotrices sont proportionnelles aux tensions électrostatiques.

2° La force électromotrice de couples mis en série est proportionnelle au nombre des couples et indépendante de leur étendue. L'intensité, au contraire, est indépendante du nombre des couples mis en série, mais elle croît en raison directe de leur étendue. Des instruments particuliers (*voltmètres*) mesurent la pression électrique.

3° L'intensité d'un couple ou d'une pile quelconque est proportionnelle aux forces électromotrices, et en *raison inverse des résistances du circuit*.

La notion de *résistance* d'imperméabilité ou de perméabilité, amoindrie au passage de l'électricité dont l'unité a été appelée depuis l'*ohm*, se trouve ainsi introduite en électricité. C'est l'inverse de la *conductibilité*, propriété manifeste de perméabilité pour le fluide électrique. Maints physiciens continuèrent d'admettre ou à peu près la théorie du contact (Davy, Jæger, Berzelius, Ermann, Prechtl...), mais M. de la Rive, puis Faraday démontrèrent et firent triompher la théorie chimique. Avec MM. Joule, Favre et Silbermann, la chaleur développée par le passage d'un courant dans un fil et d'autant plus grande que le fil est plus résistant, fut démontrée égale à celle que produiraient seules les réactions chimiques génératrices du courant. On conçoit ainsi les relations étroites entre les réactions chimiques, la chaleur, l'électricité, et par suite la possibilité de passer de l'une de ces forces à l'autre, de les transformer et de les utiliser à son gré.

CHAPITRE V

LES COURANTS INDUITS

L'expérience d'Œrsted et la loi d'Ampère. — L'induction : influence électro-galvanique. — Machines magnéto-électriques et dynamo-électriques. — Réversibilité et transport de force. — Courants sinusoïdaux, polyphasés et de haute fréquence.

En l'hiver de 1819-1820, en faisant son cours de physique à l'Université de Copenhague, Œrstedt que tourmentait depuis longtemps le problème, trouva soudainement — ne voulant que montrer l'incandescence et le calorique produits par une pile de Volta sur un fil de platine — l'*action du courant électrique sur l'aiguille aimantée*. Il en vit la déviation, sa mise en croix avec le courant. En ses *Réflexions sur les lois de la chimie*, il avait écrit dès 1816 que la pile et l'aimant étaient identiques. L'électro-magnétisme et l'induction étaient nés ce jour-là. On avait deviné, pressenti (Descartes, Lacépède, Cigna, J. W. Ritter, Romagnosi), mais non prouvé l'analogie, sinon l'identité entre le magnétisme d'aimantation et l'électricité. Les deux fluides réagissant l'un sur l'autre — mais n'anticipons pas — ou le courant électrique agissant sur l'aimant — ce qu'Œrsted démontrait, — il y avait là une voie nouvelle et féconde d'investigations scientifiques. En l'expérience accidentelle d'Œrsted — après d'autres voulues, et infructueuses — le fil de platine, conducteur, reliant les deux pôles d'une pile en activité était placé parallèlement à l'aiguille, au-dessus ou au-dessous, et l'aiguille magnétique orientée auparavant dans la direction nord-sud comme il convient, fut écartée de sa direction primitive. En plaçant diversement le courant, Œrsted remarqua que la déviation était proportionnelle à son énergie et en raison inverse de la distance; le sens variait avec sa position et sa direction. Ces résultats complexes étaient longs à retenir. Ampère eut l'idée ingénieuse, en personnifiant le courant, de les grouper en une règle mnémotechnique simple; il supposa le courant entrant par les pieds d'un observateur placé regardant l'aiguille aimantée et lui sortant par la tête. La loi d'Ampère est alors très simple : le pôle austral au nord de l'aiguille se dirige toujours vers la gauche du courant.

Fig. 17. Christian Œrsted.

André-Marie Ampère ne s'arrêta pas là, il étudia l'action des courants sur les courants par des dispositifs mobiles curieux, vit l'attraction des courants parallèles et de même sens, leur répulsion pour des sens contraires,... et cela dans les huit jours qui suivirent l'annonce de la découverte d'Œrsted à l'Académie. En même temps

François Arago, répétant l'expérience d'Œrsted, voyait le fil conjonctif de la pile attirer la limaille de fer.

L'INDUCTION : INFLUENCE ÉLECTRO-GALVANIQUE

Ampère et Arago firent ensuite passer un courant dans une bobine de fil de cuivre au centre de laquelle était une aiguille d'acier qui fut aimantée fortement, avec les pôles qu'Ampère avait indiqués par avance.

En 1824, Gambey remarquait qu'une aiguille aimantée oscillant sous l'influence terrestre revenait plus vite au repos quand elle est suspendue au-dessous d'une masse considérable de cuivre que si elle en est éloignée.

Arago démontrait bientôt qu'une roue de cuivre tournant au-dessous d'une aiguille mettait celle-ci en mouvement. Inversement un aimant tournant sous un disque de cuivre en détermine la rotation (Babbage et Herschell).

L'expérience de Gambey fut à son tour inversée par Faraday. Un fil tordu tourne entre les pôles d'un électro-aimant, mais s'arrête dès qu'un courant le traverse.

Faraday trouva bientôt divers cas d'*induction* ou la production de courants, en des fils neutres, sous l'action d'un courant voisin soudainement produit ou d'un aimant brusquement approché. Deux bobines de fils s'entourent-elles, distinctes, et l'une d'elles est-elle parcourue tout à coup par un courant, immédiatement l'autre, influencée, a un courant momentané, de sens inverse au premier; si l'on interrompt le courant actif, dit inducteur, nouvelle production en la seconde bobine, dite induite, d'un courant de même sens. Si on approche une bobine avec courant d'une bobine neutre, celle-ci a brusquement un courant inverse; si on éloigne la première, la seconde a un courant de même sens ou direct. Si, au lieu d'un courant, on approche, on éloigne, on introduit, on ôte un aimant, la bobine témoin de ces phénomènes s'influence de la même façon que précédemment. De sorte que, si l'on fait tourner une bobine de fils devant une autre parcourue par un courant ou devant un aimant, de façon qu'elle s'en approche ou s'en éloigne, subissant à chaque instant des modifications dans l'influence, on développe des courants de sens alternativement différents et faciles à collecter. Il en est de même si l'aimant ou le courant tourne devant une bobine neutre, il se développe en celle-ci des courants non moins faciles à recueillir et à utiliser: En somme, du fil de cuivre tourne devant des masses électriques ou magnétiques et s'électrise.

Tels sont les principes des diverses machines d'induction, dites encore machines faradiques ou industriellement *magnéto* et *dynamo-électriques*.

MACHINES MAGNÉTO-ÉLECTRIQUES ET DYNAMO-ÉLECTRIQUES

Pixii fit d'abord tourner un aimant naturel en présence d'un électro-aimant, c'est-à-dire d'un morceau de fer doux entouré d'une bobine de fils; le fer doux s'aimante plus ou moins selon sa distance de l'aimant, et ces variations magnétiques développent un courant dans la bobine.

Clarke eut un aimant fixe et un électro-aimant tournant.

Un *commutateur*, dans les deux appareils, suivait leurs mouvements de façon à envoyer en deux fils les deux courants, *alternativement* de sens différents, de façon à ce qu'ils ne se détruisent point, ce qui serait fatalement arrivé s'ils s'étaient rencontrés en un même fil, vu leur égale intensité. Cette alternance des *courants induits* leur a fait donner le nom dans la pratique industrielle de *courants alternatifs*.

MM. Masson et Bréguet obtinrent également des courants induits en interrompant automatiquement par une roue dentée les courants de pile. Mais ce fut *Ruhmkorff*, modeste et génial ouvrier, qui imagina la bobine qui porte son nom et d'effets si puissants : deux bobines, l'une intérieure et inductrice recouvre des barreaux de fer doux qui s'aimanteront ou se désaimanteront selon l'ouverture ou la fermeture du circuit de la pile, par suite selon le passage ou non du courant; l'autre est extérieure et induite. Comment interrompre automatiquement le courant inducteur ? par un marteau fixé dans le circuit induc-

Fig. 18. Ruhmkorff.

teur le fermant à l'état normal, mais s'en détachant alors par l'attraction du fer doux ainsi aimanté lors du passage du courant, d'où résulte l'ouverture du circuit et la suppression de l'aimantation : le marteau retombe et referme le circuit, d'où nouvelle aimantation, nouvelle attraction, nouvelle rupture, et le marteau retombe, pour le cycle des phénomènes recommencer indéfiniment.

Plus tard, Gramme, autre ouvrier génial, vint faire pour l'industrie ce que Ruhmkorff avait fait pour la science : un appareil puissant et pratique, la première *machine dynamo-électrique*. Un anneau de fer doux recouvert de fils de cuivre tourne entre les branches d'un aimant naturel, et il se développe en les fils de cuivre les courants alternatifs que nous connaissons ; mais l'aimant fut bientôt reconnu inutile. Le fer ordinaire n'étant jamais absolument neutre et au bout d'un moment de rotation de fils de cuivre devant lui, il se produit en eux un courant, c'est l'actuelle *dynamo ;* les courants y sont recueillis de façon à être toujours de même sens et ils sont ainsi *continus*. Les veut-on *alternatifs*, indé-

Fig. 19. M. Gramme.

pendants pour diverses sources, des foyers de lumière ainsi indépendants eux-mêmes, on place sur l'axe de rotation huit électro-aimants à pôles alternés; l'anneau aux hélices induites est fixe, et celles-ci, au nombre de huit, sont groupées deux par deux, en quatre groupes distincts, chacun, source d'un courant alternatif; M. Gramme en a construit à douze circuits indépendants.

RÉVERSIBILITÉ ET TRANSPORT DE FORCE

C'est le mouvement communiqué par un moteur quelconque, vapeur, gaz, chutes d'eau, moulins à vent,... qui se transforme ainsi en électricité. Mais ces machines sont *réversibles*, c'est-à-dire peuvent inversement, avec leur électricité, donner du mouvement à des machines identiques. Pour la première fois, l'expérience fut faite en 1873 par M. H. Fontaine, à l'Exposition de Vienne; une machine Gramme génératrice fut actionnée par un moteur à gaz, et, à son tour, une seconde machine Gramme, *réceptrice*, située à une distance d'un kilomètre, faisait fonctionner par le mouvement ainsi communiqué une pompe centrifuge. Ce fut là la première réalisation du

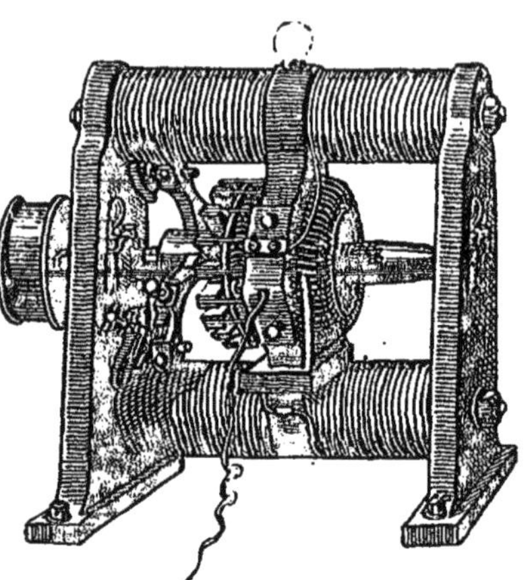

Fig. 20. Dynamo Gramme.

transport de la force à distance, problème si complété depuis par MM. Cabanellas et Marcel Deprez.

COURANTS SINUSOÏDAUX, POLYPHASÉS ET DE HAUTE FRÉQUENCE

Les courants interrompus, induits ou faradiques, de deux natures selon leur origine électrique ou magnétique, sont régis par les lois de Ohm, comme leurs aînés, les courants continus, voltaïques ou galvaniques. La force électromotrice, tension ou *voltage*, est toujours le quotient de l'intensité, du volume ou *ampérage*, par le nombre d'ohms, c'est-à-dire la résistance des milieux traversés : milieu producteur, milieu d'utilisation et fils interposés.

Pour les piles surtout, à la rupture ou à la fermeture du circuit, la force n'est pas identique ; la quantité d'électricité, c'est-à-dire le produit de l'intensité par le temps, est bien la même, mais le temps de rupture étant plus court que celui d'ouverture, son intensité augmente. Cependant si l'on fait passer peu à peu un courant d'une intensité nulle jusqu'à une valeur déterminée, puis décroître lentement jusqu'à redevenir nulle, on a les courants *ondulés*, la *Volta-Gramme* de M. Fontaine-Atgier, courants appelés depuis diphasés ou sinusoïdaux. On est arrivé à avoir sur le même appareil et industriellement des courants alternatifs égaux et par suite non douloureux, physiologiquement parlant. Sur une machine magnéto-électrique, à 90 degrés des balais, on recueille le courant, il est *diphasé* ou *sinusoïdal;* si, sur la circonférence, on prend en 3, 4,... points situés à égale distance, ce courant, on le dit alors *tri, tétraphasé, polyphasé,* et il acquiert des propriétés particulières industrielles et physiologiques nouvelles.

Boudet de Paris a obtenu également des courants depuis appelés de *haute fréquence* et qui sont également curieux au point de vue physiologique, en prenant une dérivation sur des condensateurs se déchargeant en court circuit à travers un fil ou mieux un solénoïde.

Cette interposition de condensateurs se chargeant et se déchargeant aussi rapidement que possible par leurs armatures internes, produit un courant particulier dans les armatures externes qui est envoyé dans un grand solénoïde, ensemble de spires de fils ainsi induits, et donne alors les *courants dits de haute fréquence* dont les propriétés curatives dans les maladies par ralentissement de la nutrition sont des plus curieuses. La graisse de l'obèse fond (Foveau de Courmelles). Leur action, anesthésique, non perçue, allume cependant des lampes à distance sans autre énergie que leur influence !

CHAPITRE VI

AIMANTS ET MAGNÉTISME MINÉRAL

Aimants divers. — Pôles, spectre et lignes de force. — Influences des aimants et des solénoïdes. — Déclinaison et inclinaison. — Appareils de mesure des courants.

AIMANTS DIVERS

Les aimants furent connus avant l'ambre frotté. L'observation naturelle de cette pierre ferrugineuse spéciale attirant certaines poussières métalliques frappa les Anciens avant tout autre phénomène électrique, si ce n'est la foudre dont la nature, mythique ou d'essence divine, était inconnue. Un barreau aimanté naturel est un oxyde salin de fer, contenant quatre équivalents de ce métal pour trois équivalents d'oxygène. Il s'agit là, comme Ampère l'a démontré, de véritables courants particulaires disséminés dans la pierre d'aimant comme dans le fer doux, quand celui-ci devient un aimant artificiel par le fait d'être entouré par une bobine de fils où circule un courant électrique. Le fer n'est pas seul à avoir cette propriété attractive; le nickel, le cobalt et le chrome en jouissent également. L'acier, fer à légère carburation, la peut acquérir et garder, ce en quoi il se différencie du fer doux, absolument privé de carbone, qui s'électrise momentanément et à volonté par le fait du passage du courant et qu'on utilise ainsi constamment.

PÔLES, SPECTRE ET LIGNES DE FORCE

L'aimantation ne s'exerce pas également en tous les points de la substance qui est pourvue de cette curieuse faculté : on trouve deux maximums, deux endroits où les corps légers métalliques attirés seront en plus grande quantité, c'est ce qui constitue les *pôles*.

Pour étudier ce que l'on appelle la *distribution magnétique*, on place une feuille de papier au-dessous d'un aimant, et on la saupoudre de fine poussière métallique et on voit celle-ci se diriger, s'orienter en amas polaires d'où rayonnent de véritables lignes qu'on a appelées *lignes de force*. La figure d'ensemble est appelée *spectre* ou *fantôme magnétique*. Les lignes circulaires les plus longues s'étendent joignant les deux pôles, mais vont en se raccourcissant, de façon que vers le milieu de la distance des pôles, ou *ligne neutre*, on a encore de petits cercles; d'autre part, des extrémités magnétiques du barreau partent des lignes circulaires dont les pôles seraient les centres et qui agissent à distance du barreau sur un espace appelé *champ magnétique*.

Comme le fluide électrique, le fluide aimanté agit à distance, produit des phénomènes d'influence. Les corps légers qu'ils attirent acquièrent eux-mêmes des propriétés magnétiques ; de même les barreaux des métaux dits magnétiques placés non loin d'un aimant acquièrent des maximums d'aimantation, des pôles différents, inverses de ceux qui sont en regard; ainsi un pôle sud ou austral, ou négatif, détermine par influence en un barreau neutre un pôle nord, boréal ou positif.

INFLUENCES DES AIMANTS ET DES SOLÉNOÏDES

Ces appellations géographiques des extrémités des aimants proviennent des actions de la terre sur les aimants et qui placent ceux-ci — quand nul autre phénomène n'intervient — en une direction constante, immuable, qui a permis d'en faire un instrument de direction pour les navigateurs. En effet, l'aiguille de la *boussole* se place toujours parallèlement à la direction nord-sud, comme si un gigantesque aimant résidait en la Terre, reliant ses pôles, ou encore comme si un courant électrique terrestre dirigeait cette aiguille, la plaçant en croix avec lui, son pôle austral dévié à la gauche du courant (loi d'Ampère).

L'influence ou l'action des courants développent dans le fer, quel qu'il soit, une aimantation momentanée dans le cas de fer doux, durable quand il s'agit d'acier ; aussi, pour obtenir de bons aimants d'acier, préfère-t-on les soumettre à l'action des courants, procédé plus rapide et plus commode que le frottement des barreaux neutres sur les barreaux aimantés par la simple ou double touche, ou la touche séparée, selon que ce frottement s'effectue de diverses façons.

Les aimants n'ont jamais leurs pôles aux extrémités, mais près de ces extrémités, tandis que certains courants électriques, circulaires et parallèles, qui leur ressemblent et auxquels Ampère les a assimilés, ont leur maximum d'action tout à fait aux extrémités. Les courants solénoïdaux ont donc des propriétés particulières, à la fois électriques et magnétiques. C'est le lien de transition électro-magnétique : les lignes de force de l'aimant sont circulaires comme les courants particulaires du solénoïde.

DÉCLINAISON ET INCLINAISON

La Terre dirige, oriente aussi bien le solénoïde que l'aimant, lui donne la direction nord-sud grâce à son électrisation est-ouest ou à son aimantation polaire. Cette action est celle de deux couples de forces, de deux forces parallèles et de sens contraires qu'on suppose appliquées aux pôles de l'aimant. Ainsi le pôle sud aura deux de ces forces, l'une verticale, l'autre horizontale; de même le pôle nord. Les deux forces horizontales, parallèles et de sens contraires régissent une notion qu'on appelle la *déclinaison*; les deux forces verticales, également parallèles et de sens contraires, agissant comme les précédentes à chaque pôle, régissent l'*inclinaison*. Les marins utilisent ces indications depuis longtemps déjà, leur direction et leur situation géographique sont ainsi éclairées d'autant. Gambey, Cardan... ont attaché leurs noms à ces appareils de mesure.

APPAREILS DE MESURE DES COURANTS

On a basé sur les attractions et répulsions réciproques des courants et des aimants les appareils de mesure de leur énergie, de leur pression, de leur intensité,... d'où les noms donnés à ces appareils de *wattmètre, voltmètre, ampèremètre*. Le premier est le compteur électrique, employé par les compagnies d'éclairage, il détermine le produit de la pression (volt) par l'intensité (ampère), pression et intensité faisant tourner un mouvement d'horlogerie et des pièces aimantées en raison de leur valeur. Une aiguille aimantée, un circuit l'entourant et traversé par le courant à mesurer, une graduation déterminée par les lois d'Ohm, voilà le *voltmètre* et l'*ampèremètre*. En médecine, on emploie le *milliampèremètre*, car on y utilise des millièmes de l'unité industrielle, l'ampère ; on l'appelle encore *galvanomètre*; la déviation de l'aiguille quand passe le courant décelant à la fois celui-ci et son intensité. Les laboratoires ont encore des *boussoles des sinus*, *des tangentes*, appareils de précision ayant d'ailleurs précédé l'instrumentation actuelle et courante. Les marins déterminent l'action de la Terre par leurs *boussoles de déclinaison* et d'*inclinaison*. Ce ne sont là que les grandes lignes, car chaque constructeur a aujourd'hui son modèle différent du voisin par quelque côté, mais dont le principe général est toujours le même.

CHAPITRE VII

ACTIONS MULTIPLES DE L'ÉLECTRICITÉ

Effets mécaniques de la foudre. — État globulaire de la foudre. — Choc en retour. — Force électrique. — Électrolyse et bi-électrolyse.

EFFETS MÉCANIQUES DE LA FOUDRE

L'électricité agit à distance par influence ou par son propre déplacement. L'électricité, force merveilleuse, parfois indomptée, plus souvent l'esclave soumise de l'homme et de ses fantaisies, semble ne vouloir que lui complaire ; et tour à tour ses actions mécaniques, chimiques, lumineuses, physiologiques, nous émerveillent; toutes se pouvant transformer ou se reproduire à volonté; les forces physiques étant uniques, le *mouvement*, avec des variations d'intensité ou d'amplitude vibratoire. La tendance à l'équilibre, qui est la caractéristique de toute force physique, se fait parfois, en électricité, avec une impétuosité énorme: c'est la foudre, ce n'est plus l'esclave, mais alors la souveraine irritée et terrible; elle lance ses deux fluides identiques, disséminés dans l'espace avec leurs différences considérables de potentiel ou de tension, ils vont alors non en droite ligne, des obstacles les écartant quelque peu, et leur donnant cet aspect en zigzag qu'a l'éclair. Quoi qu'il en soit, ils arrivent à la rencontre l'un de l'autre, n'ayant rien ménagé, rien sur leur irrégulier trajet, y laissant des traces effrayantes de leur passage, transportant au besoin des masses énormes qui essayent vainement — les pauvres! — de leur faire obstacle! De là des effets mécaniques considérables, fantastiques même! Nul respect pour les lieux sacrés, au contraire, tout ce qui est élevé lui porte ombrage et la provoque. C'est ainsi qu'avant l'invention des paratonnerres maintes églises, maints édifices élevés subirent, détruits en partie, de la part de la foudre des dégâts considérables; une église de Carinthie notamment en recevait régulièrement la visite, après une certaine période d'années.

Les corps isolants, les obstacles par conséquent, subissent les principales secousses ou commotions : ils sont brisés, transportés et réduits en poudre, ou bien ils sont fondus.

Près de Manchester, à Swinton, — rapportent MM. Jamin et Bouty, en leur *Traité de Physique*, — « un petit bâtiment de briques servant à emmagasiner du charbon de terre et terminé à sa partie supérieure par une citerne, était adossé contre une maison. Les murs avaient trois pieds d'épaisseur et onze de hauteur. Le 6 août 1809, une explosion épouvantable se fit entendre. Le mur extérieur du petit bâtiment fut *arraché* de ses fondations et *soulevé* en masse; l'explosion le porta verticalement, *sans le renverser*, à quelque distance de la place qu'il occupait d'abord, l'une de ses extrémités avait marché de neuf pieds, l'autre de quatre. Le mur ainsi soulevé se composait de sept mille briques et pouvait peser environ vingt-six tonnes... »

En 1761, le clocher de Saint-Brindes à Londres eut la visite de la foudre. C'est, disent les mêmes auteurs, « une flèche de pierres reliées par des crampons ; les dernières assises sont massives et traversées par une tige de fer de six mètres qui se termine par une croix. C'est sur cette tige que la foudre arriva d'abord. Elle la suivit jusqu'à sa base sans laisser aucune trace ni sur le métal, ni sur aucun point de la maçonnerie environnante; mais dès qu'un métal continu lui manqua, les dégâts commencèrent. La grosse pierre qui soutenait l'extrémité inférieure de la barre offrait des éclats et des fentes dirigées dans tous les sens; une très large ouverture s'était formée du dedans en dehors de la flèche, et la descente se continua par bonds, de crampon en crampon. A tous les scellements, les pierres furent fendues, pulvérisées, lancées au loin; partout ailleurs qu'à ces points de suture, les dégâts étaient nuls ou sans gravité, comme si la foudre ne parvenait à s'échapper par les bouts des pièces métalliques qu'elle a envahies qu'à l'aide d'un violent effort qui détruit tout aux environs... »

En plusieurs endroits, où le « tonnerre tomba », selon l'expression consacrée, on a trouvé des fulgurites, des sortes de tubes vitrifiés provenant de la fusion du sable ainsi cristallisé.

ÉTAT GLOBULAIRE DE LA FOUDRE

La foudre présente maintes formes, depuis les étincelles multiples produites par les temps de sirocco, dans les déserts du Sahara, sur la selle des méhari, dans l'air, sous les tentes (Fernand Wegler), jusqu'à l'orage violent, l'aurore boréale... ou même l'état globulaire de boule qui se promène, puis éclate, et qui est également très curieux. M. Babinet en a rapporté un cas intéressant :

« Après un assez fort coup de tonnerre, mais non immédiatement après, un ouvrier, dont la profession est celle de tailleur, étant assis à côté de sa table et finissant de prendre son repas, vit tout à coup le châssis garni de papier qui fermait la cheminée s'abattre, comme renversé d'un coup de vent assez modéré, et un globe de feu gros comme la tête d'un enfant sortir doucement de la cheminée et se promener lentement par la chambre à peu de hauteur des briques du pavé.

« L'aspect du globe de feu était encore, suivant l'expression de l'ouvrier tailleur, celui d'un jeune chat de grosseur moyenne pelotonné sur lui-même et se mouvant sans être porté sur ses pattes. Le globe de feu était plutôt brillant et lumineux qu'il ne semblait chaud et enflammé, et l'ouvrier n'eut aucune sensation de chaleur. Ce globe s'approcha de ses pieds, comme un jeune chat qui vient jouer et se frotter aux jambes suivant l'habitude de ces animaux ; mais l'ouvrier écarta les pieds, et par plusieurs mouvements de précaution, exécutés, suivant lui, très doucement, il évita le contact du météore. Celui-ci paraît être resté plusieurs secondes autour des pieds de l'ouvrier assis qui l'examinait attentivement penché en avant et au-dessus. Après avoir essayé quelques excursions dans divers sens, sans cependant quitter le milieu de la chambre, le globe de feu s'éleva verticalement à la hauteur de la tête de l'ouvrier, qui, pour éviter d'être touché au visage et en même temps pour suivre des yeux le météore, se redressa en se renversant sur sa chaise. Arrivé à la hauteur d'environ un mètre au-dessus du pavé, le globe de feu s'allongea un peu en se dirigeant obliquement vers un trou percé dans la cheminée environ à un mètre au-dessus de la tablette de cette cheminée.

« Ce trou avait servi à faire passer le tuyau d'un poêle qui, pendant l'hiver, avait servi à l'ouvrier. Mais, suivant l'expression de ce dernier, le tonnerre ne pouvait le voir, car il était fermé par du papier qui avait été collé dessus. Le globe de feu alla droit à ce trou, décolla le papier sans l'endommager et remonta dans la cheminée ; alors, suivant le dire du témoin, après avoir pris le temps de remonter dans la cheminée du train dont il allait, c'est-à-dire lentement, le tonnerre, arrivé au haut de la cheminée, qui était au moins à vingt mètres du sol de la cour, produisit une explosion épouvantable qui détruisit une partie du faîte de la cheminée et en projeta les débris dans la cour... »

CHOC EN RETOUR

Le *choc en retour* que l'on a surtout remarqué et observé pour des individus atteints, et qui porte également sur les choses inanimées, est un curieux phénomène. C'est le fait d'électrisation par influence des objets, — influence qui cesse brusquement quand jaillit l'éclair entre les nuages ou la terre et un nuage. L'électricité des objets, ainsi redevenue libre, y rentre en quelque sorte brusquement, en y produisant de grandes modifications moléculaires.

C'est ainsi qu'on peut expliquer l'effet des éclairs sur certaines personnes nerveuses qui, placées dans l'obscurité, dans une pièce bien close, perçoivent à l'instant précis du trait lumineux la variation de potentiel produit dans l'espace, au dehors.

FORCE ÉLECTRIQUE

L'éclair de la foudre, phénomène lumineux, est comparable à l'éclairage électrique ; les fils ou les charbons qui rougissent sont calorifiques et lumineux.

Les attractions du fer doux par l'électro-aimant sont des phénomènes mécaniques ; les moteurs électriques en découlent naturellement. Mais il leur faut une source d'énergie qu'ils transforment, chutes d'eau, accumulateurs, piles primaires...; le fer doux attiré par une aimantation momentanée due au courant envoyé dans l'appareil peut faire tourner une bobine. Tel est le principe du mouvement produit dans les moteurs électriques, mouvement qui peut être transmis à de grandes distances. On en construit aujourd'hui de très petits, recevant leur courant de compagnies d'éclairage et rendant de grands services.

ÉLECTROLYSE ET BI-ÉLECTROLYSE

L'*électrolyse* est elle-même un phénomène mécanique. La cohésion, force d'attraction des molécules simples d'un corps composé, est ainsi détruite, et les éléments en sont portés à distance, sur les *électrodes* ou régions polaires. Même sans décomposer le corps conducteur, le courant en peut porter à distance des particules : M. Berthelot, faisant passer un courant entre deux pôles de substance différente, cuivre et charbon par exemple, amenant une électricité de nature quelconque, statique ou dynamique, a vu sur le charbon du cuivre; et sur le cuivre, du charbon. Ce dernier charbon était cristallisé en cristaux octaédriques : c'était du diamant. Un courant violent, électrolytique et interrompu par cela même, ce qu'un bruissement particulier permettait de reconnaître, a transporté aux dépens du silicate de potasse et combiné au platine le silicium, donnant ainsi un corps nouveau, un silico-platinate de potasse (Foveau de Courmelles, *Institut*, 1899). On fait passer avec des courants d'induction, à travers de la peau de poulet, du fer d'une solution sulfatée : la peau de poulet entoure du papier imprégné d'une solution incolore de cyanure de potassium, et extérieurement sont les deux pôles amenant le courant induit à travers un autre papier imprégné de sulfate de fer, et en ligne droite, sur le papier central, la tache bleue ferrocyanique, indice du passage, s'accuse irréfutablement (Foveau de Courmelles, *Institut*, 1890).

L'électrolyse a des phénomènes variés selon

qu'elle est *simple* (une seule substance soumise au courant et décomposée) ou *multiple* (double, *bi-électrolyse*, deux corps mis en présence, ou plusieurs). Il se passe alors des échanges intéressants entre les éléments ainsi mis en liberté et doués de propriétés spéciales et d'affinités plus actives. Industriellement dans le blanchiment, la fabrication du sucre,... ces faits ont reçu des applications nouvelles (Foveau de Courmelles) dont l'extension est fatale. L'industrie, l'hygiène et la médecine bénéficient déjà largement de l'extension des progrès électriques, et nous aurons à les passer en revue, chemin faisant, à voir le mystérieux de la nature disparaître ou être asservi par l'homme. Le bien-être général s'en augmente et retentit sur les humbles dont la situation sociale s'élève et se répercute sur les destinées des peuples !

CHAPITRE VIII

LES SONNERIES ET APPELS ÉLECTRIQUES

Principe des sonneries. — Groupement des appareils. — Appareils d'appel. — Appareils récepteurs. — Appareils transmetteurs. — Appels divers.

PRINCIPE DES SONNERIES

On faisait jadis danser électriquement des pantins, — c'était un jeu, jeu très apprécié, même des gens graves et savants. Aujourd'hui on fait s'agiter un timbre par des *électro-aimants*. Des morceaux ou des tiges de fer doux entourés d'une bobine de fils de cuivre où passe à volonté un courant, et qui ainsi s'aimantent, deviennent attractifs des tiges de fer voisines, pour un temps donné, constituent la base de tout appareil d'appel ou de signal électrique. Il suffit de pouvoir au moment voulu et à son gré envoyer le courant d'une source d'énergie dans la bobine. Les piles ont une intensité suffisante pour cela, on emploie généralement les piles Daniell ou mieux les piles Leclanché. Une sonnerie électrique fonctionne en réalité comme une bobine de Ruhmkorff, avec cette différence que le courant n'y est envoyé que par intermittences, au moment de l'appel. Alors que se passe-t-il ? Le courant de la pile dont le circuit vient d'être fermé par une pression sur un contact, un bouton, arrive, parti du pôle positif, à un marteau métallique placé en face du fer doux qui va s'aimanter, puis continue sa route par la bobine entourant ce fer doux et aimantant ainsi ce dernier, et revient au pôle négatif, ayant fait un trajet complet; mais, chemin faisant, le courant a aimanté, répétons-nous, le fer doux placé en face du marteau et celui-ci, attiré, a quitté sa position première et ouvert le circuit, c'est-à-dire rompu le courant; alors tous les phénomènes cessent, l'aimantation disparaît du fer doux où elle ne peut exister qu'avec le passage du courant, le marteau dont la tige est flexible et faisant ressort reprend sa place première, refermant le circuit, et le courant repasse ainsi. Il passe et repasse tant que le désire l'appelant, tant qu'il appuie sur le contact. Ces passages du courant coupés de temps d'arrêt par l'attraction du marteau et la rupture occasionnelle produisent ces chocs répétés et connus du timbre des sonneries électriques : le marteau s'approchant du fer doux frappe en même temps sur le timbre sonore dont les vibrations arrivent à notre oreille et nous préviennent de l'appel.

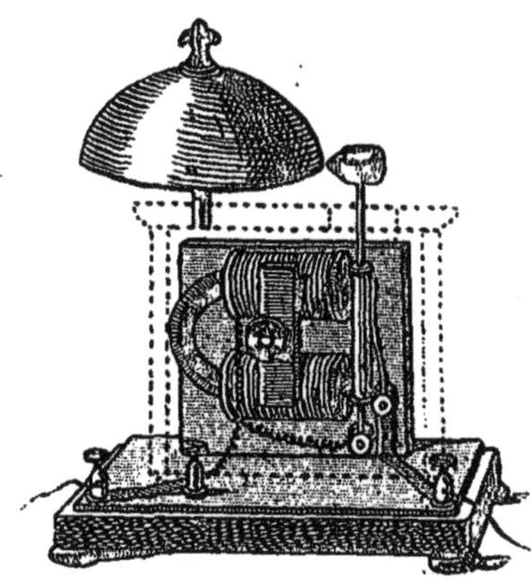

Fig. 21. Sonnerie électrique.

GROUPEMENT DES APPAREILS.

En réalité, les choses se passent aussi simplement, mais exigent un certain nombre d'accessoires, indépendamment de la pile, de la sonnerie, du contact intermédiaire que nous avons supposé unique. On peut, en effet, diviser en trois groupes les appareils de sonneries électriques : les appareils manipulateurs ou d'appel, les appareils récepteurs ou d'exécution et les appareils transmetteurs.

Les *appareils d'appel* ont diverses formes selon leurs usages ou même les goûts individuels ; ce sont des boutons, des tirages, des poires, des plaques de touche, des pédales, des contacts de sûreté, des interrupteurs et commutateurs, des coulisseaux, des avertisseurs pour incendies.

Les *appareils récepteurs* sont les sonneries et les tableaux indicateurs.

Les *appareils transmetteurs* sont les piles, les fils conducteurs, les câbles, les supports, les percements.

APPAREILS D'APPEL

Maints appareils nous sont déjà connus et leur nom en indique la forme. Pour appeler, il faut fermer le circuit, ce qui se fait en rapprochant les deux parties métalliques à ressort, ce qui se fait en appuyant sur elles directement ou par un bouton placé dans une enveloppe commune (*bouton* fixé contre un mur ou *poire* pendante des salles à manger par exemple) ; dès qu'on cesse la pression, les ressorts reprennent leur place et se séparent, le courant est interrompu et l'appel cesse.

Pour le *tirage* on ne presse plus sur les deux parties métalliques avec le doigt, mais on attire par un cordon l'une d'elles au contact de l'autre pour faire passer le courant.

Le *coulisseau* est un appareil du même genre donnant aux sonneries actuelles l'aspect des anciennes sonneries où il fallait tirer fortement.

Pour appeler d'un même point en divers endroits on a des *plaques de touche*, c'est-à-dire des plaques de bois où sont posés divers boutons reliés aux points d'appel.

Veut-on éviter la vue de fils, de boutons; avoir l'air d'être servi comme par enchantement, dans une salle à manger, par exemple, on place sous les pieds de la maîtresse de maison une *pédale*. Par la moindre pression, les deux plaques métalliques de contact se touchent et l'appel se fait. Cette pédale peut être complètement invisible, placée dans le parquet, de façon à ne pas se garnir de poussière, et une petite trappe portant sur la *pédale à charnière* la fait fonctionner quand on appuie sur elle.

Les *contacts de sûreté* préviennent de l'arrivée furtive ou non d'un client chez les commerçants, d'un voleur dans les banques, les églises... Ils sont, selon leur but, de diverses sortes. Ils se placent dans les feuillures de portes et de fenêtres et sonnent tant qu'elles sont ouvertes (*contacts de feuillure*); extérieurement et à niveau de la feuillure et ne sonnent qu'à l'ouverture et à la fermeture des portes (*contacts extérieurs*); sous les marches d'escalier, les seuils, les parquets, et sonnent quand on pose le pied (*contact à pédale*).

Pour interrompre momentanément le jeu des sonneries on place des *interrupteurs* sur le trajet d'un fil par exemple ; le *commutateur* sert aux changements de direction.

L'*avertisseur pour incendie* se compose de deux contacts particuliers se rapprochant d'eux-mêmes par la dilatation que leur donne la chaleur; ce sont des métaux ou alliages très sensibles au calorique, réglés d'ailleurs à volonté et placés de préférence près du plafond vers lequel la chaleur s'élève d'abord.

APPAREILS RÉCEPTEURS

Les appareils récepteurs sont les sonneries déjà décrites et les tableaux. Les sonneries, très compliquées comme fabrication, sont très simples à poser. Pour ne pas les répéter pour chaque pièce d'un appartement par exemple on a des *tableaux indicateurs:* la sonnerie attire l'attention et le tableau relié à la pièce où l'on sonne, indique celle-ci par l'apparition d'un petit disque sous la désignation voulue. On place souvent en double les sonneries et les tableaux aux extrémités d'un appartement, pour qu'ils soient vus et perçus sans que l'on ait trop à se déplacer. Un tableau indicateur comporte autant d'aiguilles aimantées et d'électro-aimants (fer doux et bobine sur chaque branche) qu'il y a d'endroits d'où l'on peut appeler avec désignation. Le pôle positif est relié à chaque électro et au bouton d'appel, le négatif peut être commun pour toute la ligne et vient également au tableau. A-t-on appelé et le petit signal est-il apparu, il faut le remettre en place, un bouton placé au bas du tableau et appelé repoussoir ferme un contact entre deux fils amenant un courant inverse à celui d'appel et remet le signal à sa place par une attraction inverse de l'électro-aimant d'appel.

APPAREILS TRANSMETTEURS

Les appareils transmetteurs sont les piles que nous connaissons, généralement les Leclanché, et les fils conducteurs.

La quantité d'éléments de pile varie avec la longueur des fils, c'est-à-dire la résistance qu'ils opposent au passage du courant, laquelle résistance est proportionnelle à la longueur et en raison inverse de la section et de la conductibilité.

Les fils de cuivre sont généralement employés. Il faut deux éléments pour trente mètres de fil; trois, pour cinquante; quatre, pour cent ; cinq, pour cent cinquante, et ainsi de suite ; tout cela sans tableau indicateur, lequel exige en plus à peu près un quart d'élément par guichet. De petits éléments suffisent pour les sonneries.

Les fils conducteurs doivent être bien isolés; les *épissures,* c'est-à-dire les points où il a fallu réunir deux fils pour avoir plus de longueur, doivent être bien recouverts de caoutchouc, de gutta-percha...; il est encore prudent de ne pas placer en face l'une de l'autre deux épissures qui, si l'isolement est mal fait, donneront des contacts intempestifs avec, pour conséquence, des sonneries ininterrompues dont il est parfois très difficile de trouver l'origine et qui usent rapidement les piles.

APPELS DIVERS

Les sonneries peuvent servir à tous les appels possibles. En dehors des appartements, leurs usages ne sont pas limités. Avant de communiquer une dépêche, le télégraphiste appelle le collègue qui doit la recevoir. Au téléphone, la jeune fille du téléphone a son attention attirée par la sonnerie de l'abonné, celui-ci est appelé à son tour quand il a la communication demandée. L'incendie peut déclancher une sonnerie d'alarme; des thermomètres spéciaux peuvent prévenir si la température d'une pièce d'habitation ou d'une chambre de malade est trop élevée: pour cela, le bas d'un thermomètre à mercure est relié à un fil de sonnerie, le point culminant par un autre fil est relié de même, quand le mercure en montant joint ces deux points, le contact s'établit et l'appareil sonne.

A Paris, on peut, en cas d'incendie, appeler les pompiers en brisant une vitre au kiosque d'appel. En opérant comme en Amérique : L'endroit est désigné et des chevaux tout harnachés trouvent leurs boxes ouverts et viennent se placer entre des brancards dont on attache les traits et ils partent.

Les trains préviennent de leur arrivée quand ils passent sur des contacts à pédales. Les voleurs font de même en marchant sur des parquets cachant ces contacts, et il existe même des appareils avec doubles piles où la section des fils produit une sorte d'appel désespéré, autrement dit le voleur, qui ne tient nullement à être annoncé, croit-il prévenir tout danger en sectionnant les fils de la sonnerie d'alarme, il libère ainsi une autre pile qui sonne indéfiniment... et le voleur volé n'a plus qu'à fuir.

On peut multiplier les applications à l'infini, et on l'a fait : la docile esclave qu'est devenue l'électricité, et qui se révolte parfois, consentant le plus souvent à obéir à nos moindres fantaisies !

CHAPITRE IX

LES TÉLÉGRAPHES

Télégraphes aériens. — Le télégraphe électrique. — Alphabets télégraphiques divers. — Télégraphes imprimants. — Applications télégraphiques. — La télégraphie sans fils.

TÉLÉGRAPHES AÉRIENS

Transmettre au loin sa pensée, communiquer à travers l'espace, ne plus connaître de bornes aux manifestations de l'esprit, quel rêve ! quel idéal ! Aussi la télégraphie, le moyen de communiquer à grandes distances, a été l'une des grandes préoccupations humaines dans tous les temps, dès la genèse du monde, dès que les membres d'une même famille s'écartèrent quelque peu les uns des autres. Des signaux divers constituèrent la première transmission au loin des nouvelles. Thésée, partant pour la conquête de la Toison d'or, ne promit-il pas à son père d'établir des voiles blanches ou noires, selon sa bonne ou sa mauvaise fortune ? Il partit avec du noir, le laissa par oubli subsister au retour... et le vieil Égée, désespéré, se précipita dans les flots. Les feux sur les hauteurs constituèrent aussi des signaux, à l'instar de nos sémaphores modernes : Ptolémée Philadelphe fit signaler le port d'Alexandrie aux vaisseaux par une tour au sommet de laquelle étaient entretenus des feux la nuit et qui était placée sur la digue reliant l'île de Pharos à Alexandrie. Dès Alexandre le Grand, Sidonias lui proposa de faire communiquer le vainqueur des Perses avec les royaumes soumis à sa domination, ne lui demandant que cinq jours entre la Macédoine et le point le plus reculé de ses conquêtes dans l'Inde... On rejeta avec mépris, comme un rêve, les propositions de l'étranger ! Polybe parle du procédé d'Énée (336 av. J.-C.) consistant en vases d'airain placés de distance en distance, avec flotteurs de liège portant des phrases usuelles. Les gardes annonçaient par la levée d'une torche un signal, de l'eau s'écoulait jusqu'à ce que la phrase voulue arrivât au niveau des bords supérieurs du vase ; les postes suivants imitaient la manœuvre. Polybe lui-même perfectionna ce procédé, indiquant par des torches la place des lettres de l'alphabet, permettant ainsi la constitution de phrases variées. Les Romains copièrent les Grecs ; sous Jules César, la Gaule eut de véritables lignes

Fig. 22. Tour à signaux d'après la colonne Trajane.

télégraphiques de 1,400 lieues de longueur; on trouve sur la colonne Trajane une représentation de ces lignes. Les Chinois communiquaient aussi avec des torches. Claude Chappe inventa, en 1790, des signaux aériens qui furent admis par toutes les nations jusqu'en 1845, époque de l'apparition des télégraphes électriques, mais il fallait des temps clairs ; cependant c'était un grand progrès et l'empereur Nicolas essaya lui-même la ligne en Russie.

Les télégraphes aériens vécurent encore un peu après la transmission électrique : en Crimée, le 8 septembre 1855, le jour de la prise de Sébastopol, un télégraphe aérien s'établissait sur la redoute Victoria et, le lendemain, un poste semblable couronnait le sommet de la tour Malakoff. « C'est là, dit M. Georges Dary, en *Tout par l'électricité*, le dernier fait d'armes de la télégraphie aérienne. Les quelques stations qui subsistent encore sont mornes et silencieuses ; le passant ne voit plus s'agiter ces grandes ailes dont il cherchait à comprendre le mystérieux langage; le vent seul, quand il souffle, gémit à travers les murs démantelés, et fait trembler en grinçant les bras désormais immobiles... »

Les sémaphores existent toujours pour les vaisseaux. Les pigeons voyageurs que les Égyptiens antiques, les mariniers de Chypre et de Candie, les Romains employèrent, nous ont servi en 1870 : ils emportaient, les pauvres, les dépêches micrographiques qui ne sauvèrent pas la France!

La *télégraphie optique*, entre les mains du

colonel Laussedat, a rendu et rend encore, avec un outillage simple, de grands services aux armées en campagne, quand le temps est clair et le pays peu accidenté.

TÉLÉGRAPHE ÉLECTRIQUE

Avant la découverte de la pile de Volta, le Genevois Lesage, avec des électromètres, fit un télégraphe électrique de chambre. Avec l'électricité statique encore, et auparavant, on avait pensé au fluide électrique pour communiquer au loin sa pensée, comme on allumait à distance, à travers la Tamise, des substances inflammables. Là, un seul conducteur suffisait; Steinheil, de Munich, fit la même constatation, en 1838, pour le fluide voltaïque, ce qui supprima le fil de retour, la terre servant de conducteur. Mais Samuel Morse, fils d'un pasteur américain, fut le véritable créateur de la télégraphie électrique; d'abord peintre et peintre de talent (médaille d'or en Angleterre), mais s'intéressant aux expériences de Franklin, il construisit, quoique pauvre et sans ressources, le premier appareil télégraphique (1848). Au bout d'un an d'attente, le Sénat américain lui vota trente mille dollars pour frais d'installation; la France l'adopta et, en 1851, maints bureaux fonctionnaient pour le public. Et Figuier, qui essaya de mettre la *science au théâtre*, tira de ces incidents une intéressante comédie : *Miss Telegraph*.

ALPHABETS TÉLÉGRAPHIQUES DIVERS

Ce que nous avons dit pour les sonneries peut se répéter pour le télégraphe. La pile envoie un courant à distance dans une sonnerie et les appels y pourraient déjà être variés pour constituer des signaux; ne convient-on pas souvent pour ses domestiques d'un appel pour le valet de chambre, de deux appels pour la cuisinière, de trois pour la femme de chambre?... En maints hôtels, les voyageurs ont ces indications désignées sur une pancarte, en leur chambre.

Supposons maintenant que par un moyen quelconque ces appels laissent une trace, s'im-

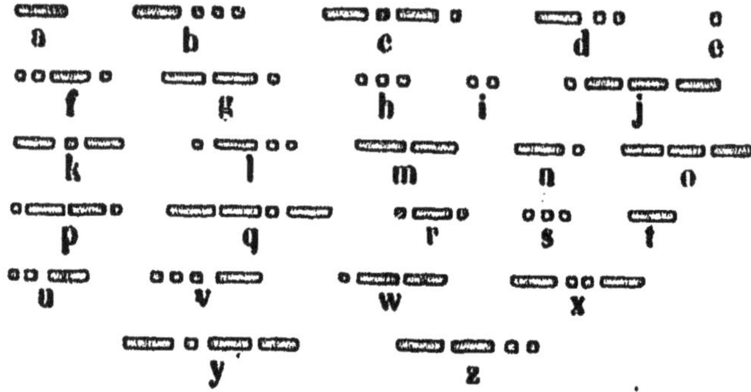

Fig. 23. Alphabet Morse (Télégraphie avec ou sans fils).

priment au moyen de caractères particuliers, et le télégraphe existe. C'est là le télégraphe Morse. On envoie un courant bref ou long, et une tige imprime à destination un point, un trait, une barre ; on convient, par exemple, qu'un trait — donnera la lettre A ; qu'un trait et trois points — · · · figureront B. Le nom de Morse s'écrira ainsi : — —   — — —   · — ·   · · ·   ·.
M O R S E

Le poste manipulateur envoie le courant dans la ligne en pressant sur un bouton, comme il convient ; au poste récepteur, qui est prévenu

7

par un appel de sonnerie, on déclanche alors un mouvement d'horlogerie, du papier en bande bleuâtre se déroule entre deux roues, au-dessus de cette bande une tige, munie d'encre d'imprimerie, vient s'appuyer et marquer point, trait ou ligne.

Les pays de notre continent communiquèrent ainsi rapidement entre eux, mais la mer immense restait comme une barrière infranchissable à l'électricité, ou tout au moins aux communications électriques, car la télégraphie sans fils était alors une utopie qui est aujourd'hui réalisée. Mais il fallait des fils ; les paquebots ou les steamers qui sillonnaient les mers et reliaient ainsi rapidement les continents ne suffisaient plus. Les forêts vierges de l'Amérique, les fleuves avaient laissé passer la télégraphie, l'Océan l'arrêterait-il ? On essaye d'abord infructueusement. On recommence. Calais et Douvres sont reliés. Huit années de nouvelles tentatives et, en 1860, l'Amérique communique, sans interruption depuis, avec l'ancien continent.

Et sir William Thompson (depuis lord Kelvin) imagine les appareils récepteurs spéciaux, nécessaires à déceler les imperceptibles signaux emportant la pensée humaine à travers les Océans, au milieu de la vie grouillante et pullulante des mers !

Et les appareils ont été se perfectionnant, leurs usages se multipliant : M. G. Trouvé inventant un télégraphe militaire très léger ; le colonel Laussedat, la télégraphie optique ; Graham Bell, le photophone... Mais n'anticipons pas. — L'instrumentation courante s'améliore aussi; après le télégraphe Morse, on a le télégraphe Bréguet où l'alphabet conventionnel est remplacé par l'alphabet ordinaire : la lettre A par exemple envoyée du poste manipulateur fait apparaître la lettre B

Fig. 24. Lord Kelvin (sir William Thompson).
(Cliché Elliot et Fry, Londres.)

ou mieux arrête sur elle une indication au moyen de roues dentées et de mouvement d'horlogerie...

Chaque nation se propose d'avoir ses câbles sous-marins afin, en cas de guerre, de n'être pas sous la dépendance de la nation ennemie ou de ses alliés, et être ainsi privée de communication et de commerce.

TÉLÉGRAPHES IMPRIMANTS

Ce système ne laisse pas de traces des dépêches, plus rapide, mais moins actif que le Morse. Le télégramme ne subsiste pas, et les erreurs ne peuvent être relevées; on se rappelle cette fameuse et laconique dépêche d'un officier à sa famille : « Décoré » qui fut transmise « Décédé », et plongea une famille dans le désespoir. Mais on a aujourd'hui mieux encore que le Bréguet, *c'est le télégraphe imprimant* de Hughes, où la dépêche est imprimée en langage ordinaire et envoyée telle quelle à l'intéressé.

Pour éviter toute erreur, empêcher le vol à la dépêche, on a, ou plutôt on aurait — il n'est pas encore entré dans la pratique — le *pantélégraphe* de l'abbé Caselli où l'écriture même de l'expéditeur est transmise au destinataire : deux pendules se meuvent à chacune des extrémités de la ligne : d'une part, la tige frotte sur le télégramme, écrit avec de l'encre grasse d'imprimerie isolante; d'autre part, la tige frotte sur un papier imprégné de cyanure de potassium que peut décomposer le courant; quand celui-ci rencontre l'isolant du point de départ, c'est-à-dire l'écriture, il est envoyé à destination et fait un petit trait sur le cyanure, le mouvement continue, nouvelle rencontre de l'écriture, nouveau trait au cyanure. On a ainsi en petits traits le fac-similé indiscutable du télégramme.

TÉLÉGRAPHE SANS FILS

Utiliser l'eau comme conducteur électrique, au lieu de fils, et passer ainsi à travers les lignes ennemies fut tenté et réalisé à Paris pendant la guerre de 1870-71 par le savant physicien Bourbouze; la paix fit abandonner ces tentatives heu-

Fig. 25. Dr Édouard Branly.

reuses, lorsqu'en ces dernières années un ordre nouveau de phénomènes fit trouver une solution plus pratique de communication à travers l'espace et sans autre conducteur que le fluide impondérable, l'éther, qui nous baigne de toutes parts.

On sait qu'un diapason vibrant met en mouvement un diapason identique accordé, pourvu, bien entendu, que les ondes sonores le puissent rencontrer, que la distance ne soit pas trop grande. L'onde se propage, circulairement, faisant des ronds comme une pierre jetée dans l'eau, comme fait vibrer à distance les vibrations sonores d'un diapason donné pour un autre diapason inerte, mais *accordé*. L'électricité, la lumière, ont également des ondes concentriques. Henri Hertz le démontra en 1888 pour le fluide électrique ; mais le phénomène fut mis au point et utilisé par le Dr Édouard Branly, doyen de la Faculté des sciences de l'Université catholique de Paris, né à Amiens le 23 octobre 1844 et élevé à Saint-Quentin, savant modeste s'il en est au point de faire des conférences sur la télégraphie sans fils, avec... *pas un mot* sur lui et ses travaux ! Il montrait, en 1890, *l'action à distance* de ces ondes sur un organe, un récepteur électrique ultra-sensible, et qui est la base de la *télégraphie sans fils* : le TUBE A LIMAILLES.

Qu'on imagine un métal râpé, presque pulvérisé, en limaille enfin : fer, nickel, or à 18 carats... que l'on place un peu de cette poudre entre deux tiges de cuivre amenant un courant électrique,... tout d'abord rien ne passe. Mais qu'une étincelle éclate, qu'une bobine de Ruhmkorff fonctionne, et voilà la limaille devenue perméable au courant qui stationnait devant elle, elle est conductrice, et ce courant va mettre automatiquement en mouvement : sonnerie, télégraphe Morse... Si l'on supprime les obstacles interposés, que les postes expéditeur et récepteur portent des tiges métalliques allant en l'espace cueillir en quelque sorte les ondes, la conductibilité électrique s'établit — démontra bientôt M. Branly — pour de plus longues distances.

Comment se limite ce phénomène électrique? jusqu'où cette étincelle peut-elle agir sur ce récepteur qui guette en quelque sorte le courant?... Ce fut d'abord à quelques centimètres, puis quelques mètres, enfin 30 et 50 kilomètres, et l'on ne s'arrêtera pas là.

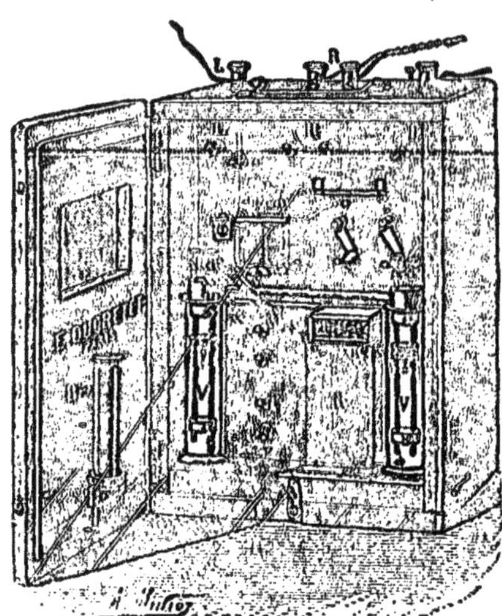

Fig. 26. Télégraphie sans fils (Récepteur).

Un jeune Italien, Marconi, après le Russe Popof, l'Anglais Lodge, sut réunir tous les travaux suscités par le tube à limailles de notre compatriote le Dr Édouard Branly, et créer enfin ou plutôt réaliser, vulgariser la télégraphie sans fils. La première dépêche envoyée à travers la mer, à 50 kilomètres, le fut en avril 1899, entre la France et l'Angleterre, par Marconi au Dr Branly, juste et légitime hommage bien fait pour payer au centuple à notre compatriote, un peu contesté en haut lieu en France, les quelques déboires dus à de jaloux contemporains. A l'heure actuelle, justice complète lui est rendue. Et l'espace, vaincu, laisse passer la pensée humaine, sa volonté, même la délivrance. Fin d'avril 1899, une chaloupe en danger sur les côtes d'Angleterre et qui avait une bobine de Ruhmkorff put faire jaillir les étincelles

Fig. 27. Télégraphie sans fils (Manipulateur).

libératrices qui actionnèrent le tube à limailles d'un poste de la côte, et elle fut sauvée.

En octobre 1899, à l'occasion de la lutte pour la coupe de l'Amérique, entre les deux yachts le *Shamrock* et le *Columbia*, le *New-York Hèrald* eut seul des nouvelles par Marconi monté sur le premier navire, et qui, le temps étant brumeux, battit tous les signaux, la télégraphie optique comprise.

APPLICATIONS TÉLÉGRAPHIQUES

La rapidité du courant électrique d'une dépêche en une seule ligne fut bientôt trouvée insuffisante, on voulut bientôt en envoyer plusieurs à la fois, et on y parvint ! Chaque lettre exigeant un temps infinitésimal de transmission, plusieurs employés à leur tour, prévenus du libre passage par le choc d'un électro-aimant constituant le distributeur, recevaient à tour de rôle leur dépêche. On peut même adresser et recevoir simultanément un télégramme, par le même fil, au même moment !

C'était encore insuffisant, à moins de multiplier à l'infini les appareils. Aussi en 1861, les Anglais imaginèrent la *télégraphie pneumatique*, une sorte d'immense sarbacane formée de tubes aboutés envoie un grand nombre de messages en maints bureaux, d'où ils sont portés à domicile.

Les applications sont celles des sonneries et du langage combiné. Dans les chemins de fer, on peut prévenir d'un train engagé sur une mauvaise voie, arborer des signaux de détresse, faire garer les trains en marche. Il y a même là un dispositif spécial, chaque conducteur de train, muni d'un appareil portatif, se relie d'une part au sol, d'autre part par une canne à bec au fil d'une ligne passant au-dessus de sa tête, et ce poste télégraphique intermédiaire fonctionne. Nous avons vu les sonneries à pédales agir de même et automatiquement.

C'est encore avec le télégraphe que les caissiers

ou autres employés infidèles sont arrêtés, la police étant prévenue sur la route qu'ils doivent ou peuvent suivre.

En temps de guerre, tant que les lignes ne sont pas coupées, — auquel cas on recourt aux pigeons voyageurs, aux aérostats... — on dirige de loin les armées en campagne et avec la télégraphie sans fils et des bombes dissimulées sous leurs pas, on les pourra détruire en bloc, et la guerre, devenue plus meurtrière encore, préparera, prépare même déjà la paix.

Mais les télégraphes ont des ennemis animaux. Les poteaux qui supportent les fils par des tiges isolantes recouvertes de porcelaine ou d'émail, sont parfois déracinés en Norvège par les ours, ou en France perforés de part en part par des piverts ! Cela tient au bourdonnement, sorte de chant mystérieux attribué par les enfants au bruit de la dépêche ; ce bourdonnement fait croire à la présence d'abeilles ou de miel pour l'ours, d'insectes pour le pivert. Comme riront nos arrière-neveux, dont la pensée prendra l'espace pour messager, quand ils retrouveront ces gigantesques et disgracieux morceaux de bois !

CHAPITRE X

LES TÉLÉPHONES

Porte-voix et essais divers. — Téléphone de Graham Bell. — Téléphones divers. — Applications et conséquences : microphone, phonographe, photophone.

PORTE-VOIX ET ESSAIS DIVERS

Propager la pensée est bien et rapide ; transmettre la parole est mieux, plus prompt et plus complet. Entendre la voix aimée, la reconnaître, en saisir les nuances et cela instantanément, quel rêve encore permis à notre siècle de réaliser par son amie la fée électricité! Ce dernier rôle est celui des téléphones. Il s'agit de porter le son à une certaine distance. La vitesse des ondes sonores est moins grande que celle de l'électricité : ne perçoit-on pas souvent, longtemps après la vue de l'éclair, le bruit du tonnerre! L'air transmet donc le son (340 mètres par seconde) ; de même l'eau, et Colladon et Sturm l'expérimentèrent sur le lac de Genève (1.435 mètres). Déjà les Gaulois avaient essayé de communiquer entre eux par des cris transmis de distance en distance, César s'étonne du moyen et l'apprécie : « Un massacre de Romains fait à Orléans au lever du soleil fut appris à neuf heures du soir en Auvergne à 50 lieues de distance. »

Le porte-voix des navires est également, comme le cri, un moyen de faire porter plus loin le son humain : il aurait été trouvé au XVIIe siècle par Samuel Morland ou le père Kircher. Dans le même ordre d'idées, Alexandre le Grand se servait, dit-on, d'un cor gigantesque pour appeler ses soldats.

Le porte-voix est un tube de fer-blanc conique avec un large pavillon et une embouchure qui se fixe aux lèvres ; tout le son émis est absorbé par l'instrument, s'y réfléchit et se transmet en se multipliant à 2 ou 3 kilomètres. Les échos sont d'ordre téléphonique ; au Conservatoire des Arts et Métiers, à la salle des Antiques au musée du Louvre, le son émis même à voix basse d'un certain point est entendu d'un autre point déterminé.

En 1782, un jeune bénédictin protégé par Condorcet, dom Gauthey, présenta à l'Académie des sciences un essai de téléphonie qu'on expérimenta aux huit cents mètres des tuyaux de la pompe de Chaillot, mais le succès fut annihilé par la dépense nécessaire au système. En 1823, François Sudre proposa l'utilisation téléphonique de certaines notes du clairon, on réussit des expériences au Champ de Mars (1827). En 1870, on essaya la transmission par la Seine, mais sans succès. En 1867, Robert Hooke décrivait le téléphone à ficelle : un fil tendu transmettait un son, même émis à voix basse, à 140 mètres ; ce ne fut qu'un jouet qui eut du succès, comme jouet, après l'apparition du téléphone électrique.

TÉLÉPHONE DE GRAHAM BELL

En 1837, Page constata que la rapide aimantation et désaimantation du fer doux donne des sons et les appela « musique galvanique ». Henry, Gassiot, Marrian font peu après les mêmes remarques. Le Genevois de la Rive, en 1843, augmenta ces effets harmoniques.

En 1854, — dit M. Louis Delmer (1), — l'ingénieur Ch. Bourseul décrivit la plaque mobile flexible devant laquelle on doit parler, correspondant à la

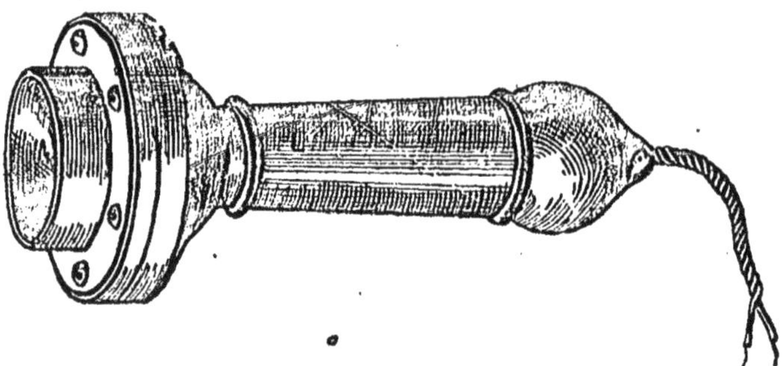

Fig. 28. Récepteur téléphonique.

plaque d'arrivée qui vibre par l'électricité et les variations de la voix au départ (*Illustration*, 26 août 1854). L'Institut, en M. du Moncel son oracle, ne vit que rêveries en la « transmission électrique de la parole ». Et en 1861, M. Reiss, à Friedrischdorf, inventait un téléphone compliqué transmettant la hauteur du son. Elisah Gray et maints autres se rapprochèrent aussi, mais de loin, de la solution.

Le téléphone de Graham Bell date de 1876, l'inventeur l'exhibait à l'Exposition universelle de Philadelphie en 1876 et l'expliquait à tous venants. Les savants furent comme toujours, scepti-

(1) Livre d'or de la science. — *Les Chemins de fer.*

ques, c'est leur rôle; mais ils l'essayèrent, empruntant un des fils de la ligne télégraphique entre New-York et Philadelphie : les moindres sons furent reproduits, exclamations, rires, soupirs, respirations même. Sir William Thompson, enthousiaste, baptisa la découverte de Graham Bell « la merveille des merveilles » et trouva que les essais antérieurs lui étaient comparables comme des battements de mains à la parole humaine.

Ampère avait assimilé les courants solénoïdaux à des aimants, Faraday avait vu l'électrisation produite ou détruite à volonté par l'approchement ou l'éloignement de courants ou d'aimants : M. Graham Bell utilisa ces données. Derrière une plaque vibrante formée d'un disque de fer doux très mince et placée au fond d'un pavillon est un barreau aimanté de la grosseur d'un crayon ordinaire et long de 12 centimètres environ avec une bobine de fil très mince entourant l'extrémité voisine de la plaque vibrante. Tel est l'appareil manipulateur, tel est aussi l'appareil récepteur relié au premier par les fils de leurs bobines réciproques. Parle-t-on devant la membrane vibrante de fer, le son l'agite, elle s'approche du fer doux, fait varier son aimantation, la bobine s'électrise et transmet à distance son courant à la seconde bobine qui, électrisée à son tour, agit sur le fer doux, le modifie, d'où réactions sur la lame vibrante réceptrice attirée ou repoussée, réactions identiques à celles du départ et perçues à l'arrivée.

TÉLÉPHONES DIVERS

Ces courants sont très faibles et peuvent être

annihilés par des courants voisins et leur influence; ainsi le long d'un télégraphe, on peut ne plus entendre que les claquements du manipulateur. Les expériences se multiplièrent alors et, en dehors des phénomènes induits anormaux, on entendit la voix, en Amérique d'abord, à de très grandes distances : M. Graham Bell à 450 kilomètres,

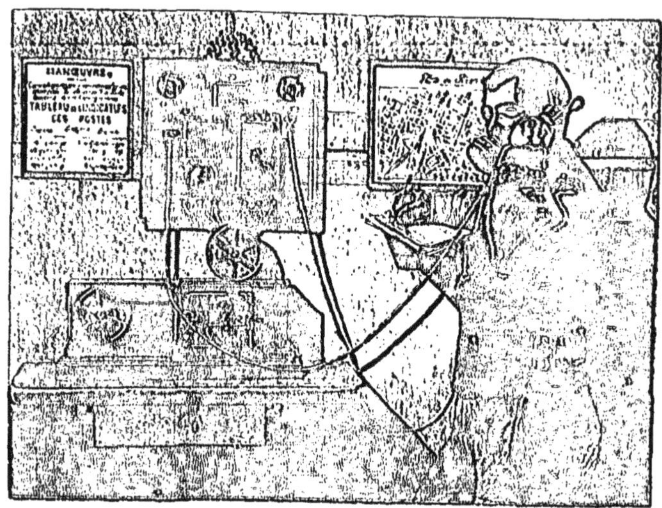

Fig. 29. Avertissement pour incendie, poste téléphonique pour caserne

M. William Thompson à 400. En Allemagne, en juin 1877, un poste téléphonique existait à Cologne. M. Bell mettait six téléphones en dérivation et on entendit aussi bien. Mais sans sonnerie, les sons mouraient sur la plaque vibrante, et le destinataire non prévenu n'entendait rien. On voulut donc supprimer la sonnerie qui nécessite une pile. Bréguet, Trouvé, Pollard, Edison, Hughes se mirent à la besogne. Édison trouva un appareil assez compliqué. M. Hughes créa le microphone ou transmetteur basé sur la propriété de certains charbons de varier, selon la pression, de résistance, c'est-à-dire d'absorber plus ou moins le courant. Le contact de ces charbons, plombagine, graphite, variera selon l'impression de la parole et augmentera, électriquement, leur effet, d'où amplification du son.

M. Gower prit un aimant plus puissant, l'entoura des deux bobines et plaça le tout en une petite boîte dont le couvercle vibrait et augmentait d'autant les vibrations de la plaque. M. Trouvé sur les indications de M. Perrodon, y a adapté un avertisseur rendant un son aigu.

M. Ader fixa le microphone sous une plaque de bois mince et donna à l'ensemble la forme d'un petit pupitre devant lequel on parle.

Enfin MM. Berton, Jaubert et Dussaud combinèrent leurs efforts et purent réaliser le *téléphone haut parleur* qui permet d'entendre à distance la voix ou tout autre son.

APPLICATIONS ET CONSÉQUENCES : MICROPHONE, PHONOGRAPHE, PHOTOPHONE.

Ces applications du téléphone sont multiples, la conversation est la première et la plus connue. On peut l'installer dans les murs d'une prison et enregistrer ainsi les aveux dans le cabinet du juge d'instruction, loin des criminels conversant. Un Américain n'a-t-il pas ainsi gagné récemment un procès, en prenant deux témoins au téléphone contre un industriel trop avisé et qui jura qu'on ne l'y prendrait plus...

Sous le nom de *théâtrophone* on l'adapte à l'audition d'opéras, comédies...; réduit au *microphone* (pile, récepteur téléphonique et sur le trajet du courant des contacts de graphite à pression variable), il sert à amplifier les sons et à percevoir des vibrations sonores qui ne pourraient être entendues ou discernées. Comme *stéthoscope*, il sert au médecin à percevoir en son malade des bruits morbides qui le guident en son diagnostic.

Fig. 30. Thomas Edison.

Le microphone perfectionné par Edison, en ajoutant aux charbons des corps divers, hygroscopiques ou facilement dilatables, est arrivé à *entendre* un corps se dilater, se contracter, se liquéfier, se solidifier... et peut-être l'herbe pousser! Aujourd'hui, Edison est sourd et aveugle! le *phonographe* a reçu aussi la marque de son esprit inventif.

Parler du phonographe après le téléphone paraît rationnel, reproduire et conserver la parole après l'avoir reçue à portée semble du même domaine, et cependant, il n'en est rien ! Le phonographe n'a, en effet, rien d'électrique, aussi n'en dirons-nous que peu de mots. Duhamel, avec son *vibroscope*, en 1825, inscrivait, avec un diapason muni d'un poil de sanglier, et sur du noir de fumée, les vibrations musicales : il les pouvait compter. M. Scott dessina le tracé graphique d'un son quelconque en le recueillant au fond d'un grand cornet sur une plaque vibrante munie d'un poil de sanglier appuyant sur un cylindre tournant, c'était le *phonautographe* ; s'il avait fait machine en arrière, c'est-à-dire passé le poil de sanglier sur les sons inscrits, la membrane aurait réagi comme lors de leur émission, et le phonographe eût été trouvé ! Charles Cros décrivit l'appareil

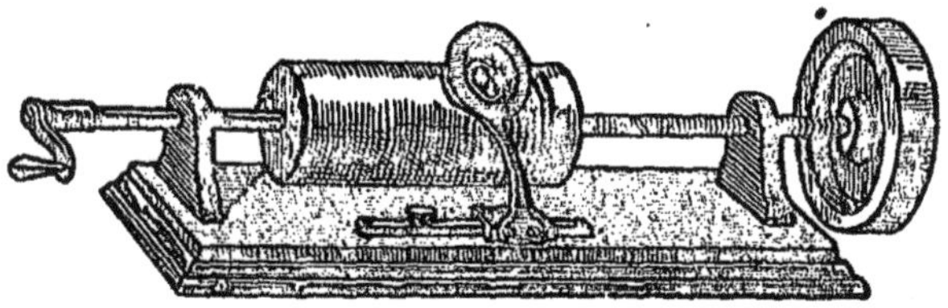

Fig. 31. Phonographe.

complet en 1876 à l'Académie des sciences, et fut éconduit par Bréguet. Edison le construisit, combien d'années après les premiers essais, et quelques mois après ceux de Cros, en janvier 1877 ! On reproduit ainsi et on conserve pour être reproduits à volonté tous les sons,... la voix humaine.

Les *téléphones haut parleur* et *inscripteur* de M. Dussaud utilisent les principes du téléphone et du phonographe pour faire entendre à distance, ou inscrire la parole.

Le *photophone* est encore un appareil curieux, basé sur la conductibilité électrique du sélénium, variable avec les vibrations lumineuses qu'il reçoit. Si l'on fait tomber des rayons lumineux sur un récepteur en sélénium, on entendra dans le téléphone des sons en rapport avec les variations d'intensité lumineuse ; la télégraphie optique combinée au photophone pourrait, en des pays nouveaux, rendre de grands services et permettre aux explorateurs de donner de leurs nouvelles, très détaillées même, à de grandes distances.

CHAPITRE XI

LA LUMIÈRE ÉLECTRIQUE

L'éclairage extérieur. — Premières tentatives d'éclairage électrique. — Éclairage par les piles. — Lampe à arc voltaïque et régulateurs. — Lampes à incandescence. — L'éclairage public. — Applications diverses. — La consommation de Paris.

L'ÉCLAIRAGE EXTÉRIEUR

L'antique fable de Prométhée qui déroba l'étincelle sacrée, le feu, au char du Soleil, et qui, martyr de la science, fut condamné à avoir son cœur sans cesse renaissant dévoré par le vautour, prouve la valeur attachée au feu par les Anciens. Poinsinet de Sivry, au XVIIIe siècle, doué d'au moins autant d'imagination, en vit la source dans l'électricité : la foudre éclatant au-dessus d'un arbre l'eût embrasé, donnant ainsi de la lumière, et de la chaleur aux pauvres voyageurs trempés par l'orage! Les hommes charmés, les fauves écartés par cette flamme bienfaisante, brillante et réchauffante... il fallait ne pas la laisser éteindre. En frottant des morceaux de bois — électricité statique peut-être ! — on eut des étincelles suffisantes pour allumer des feuilles sèches. Tels font encore les sauvages. Les Vestales romaines entretenaient le feu sacré... On peut aujourd'hui allumer le gaz avec deux cylindres d'ébonite tournant par la pression comme une machine électrostatique de Wimshurst qu'ils constituent et portant à distance l'étincelle.

Le feu servit non seulement à réchauffer, mais à illuminer l'espace, à allumer des torches pour l'éclairage, les signaux !..

L'huile vint ensuite, et on eut dans les rues — presque aussi obscures — des réverbères à huile!

Le pétrole, que nous croyons récent, ne fut qu'un moyen retrouvé : les Égyptiens l'utilisaient; les Arméniens en allumaient sur la mer lors de leurs réjouissances; le lac Asphaltite ou mer Morte en renfermait maintes sources sur ses bords; l'Amérique, par ses puits riches et nombreux, a créé, en ce siècle, des fortunes énormes, des milliardaires, des rois du pétrole !

Le gaz, extrait de la houille par le Français Philippe Le Bon, donne une lumière brillante et peu coûteuse, c'est aujourd'hui le moyen d'éclairage le plus répandu. L'acétylène obtenu à peu de frais, grâce à la fabrication électrique du carbure de calcium (H. Moissan), tend à s'y substituer. L'électricité, plus commode, est encore d'un prix de revient élevé qui empêche sa vulgarisation. Vienne un nouveau procédé pour la produire, moins dispendieux, et ce sera l'éclairage général !

PREMIÈRES TENTATIVES D'ÉCLAIRAGE ÉLECTRIQUE

Voyons-en les origines :

L'étincelle électrique fut évidemment — éclair artificiel rappelant la nature — la première manifestation lumineuse. Otto de Guéricke et Wall l'aperçurent. Grey, en 1734, l'étudia spécialement et prédit un grand avenir à ce genre de recherches, « quoique ces effets, dit-il, n'aient été produits que très en petit, il est probable qu'on pourra, avec le temps, trouver une façon de rassembler une plus grande quantité de feu électrique, et par conséquent augmenter la force de cette puissance ». La chaleur de l'étincelle fut démontrée par Ludolf, médecin allemand, dès 1744, car il alluma ainsi de l'alcool, de la poudre de colophane ; Volta retrouva l'étincelle, en sa pile, lorsqu'il ouvrait le circuit du courant, et au point de rupture.

Davy, en 1813, avec l'immense pile de vingt mille couples Wollaston, trouva encore l'arc voltaïque, entre deux charbons placés chacun aux extrémités du fil conducteur et en les approchant. Il put les éloigner à dix centimètres et toujours la lumière subsista, s'étendant, s'allongeant, se courbant, s'agitant. Et en ce feu ardent, les matières les plus dures fondent comme la cire au souffle d'un brasier, le platine, le diamant disparaissent, liquéfiés et même volatilisés!

Davy choisit le charbon de bois en baguettes et en obtint une belle lumière, mais le charbon brûlait trop vite. Foucault prit le charbon des cornues, mais il brûlait mal et irrégulièrement. MM. Staite et Edwards essayèrent d'une agglomération fortement comprimée de coke et de sucre. M. Lacassagne essaya en 1857 de purifier les bougies de charbon en les plongeant dans un bain de potasse. MM. Jacquelain en 1859, et Carré, en 1868, arrivèrent à un très bon charbon formé de quinze parties de coke en poudre, mélangé à cinq parties de noir de fumée calcinée et huit parties de sirop de sucre.

ÉCLAIRAGE PAR LES PILES

Les piles peuvent produire la lumière, mais bien coûteuse encore. Les piles de Bunsen, de Grenet ou de Leclanché la donnent au prix de certaines manipulations. Cependant on fait des piles au bichromate assez commodes, en ce sens qu'un treuil y fait plonger les zincs au moment de l'usage seulement, de sorte que les éléments ne fonctionnent que pour l'éclairage et se reposent dans l'intervalle. Un grand nombre de piles, tout en s'usant moins, s'usent cependant à *circuit ouvert*, c'est-à-dire sans produire d'énergie utile, soit que celle-ci n'ait pas d'usage continu, soit qu'on n'en ait pas l'utilisation incessante; au point de vue de l'éclairage électrique, ces piles doivent être rejetées. Les piles de Grenet ou au bichromate, à treuils ou autres systèmes variés sortant les pôles négatifs, les seuls qui se dissolvent, peuvent donc être employées. Les piles Leclanché, dont la dépense est faible, peuvent également servir, mais non d'une façon continue, car elles se polarisent facilement; certains types cependant, modifications de la pile initiale, ont reçu des substances additionnelles ralentissant la production des courants secondaires nuisibles et se prêtent mieux à l'éclairage; dans tous les cas, ce sont plutôt des moyens de produire la lumière d'une façon intermittente, pour un instant, la nuit, pour voir l'heure...

Les machines dynamo de Gramme, de Siemens..., donnent à bien meilleur compte la lumière électrique, par courants continus ou induits, soit toujours de même sens, soit de sens régulièrement et alternativement variables et bien collectés.

LAMPES A ARC VOLTAÏQUE ET RÉGULATEURS

Les premières lampes électriques furent des charbons de composition variable ainsi que nous l'avons vu; mais la disposition de ces charbons a aussi une grande importance, de là de nombreux essais de *lampes électriques*. Les charbons s'usent inégalement, la pointe positive se creuse progressivement à son extrémité, des particules sont brûlées dans l'air, et d'autres se portent au pôle négatif. Les charbons cessent ainsi d'être égaux, d'être en face l'un de l'autre, et la lumière est inégale et irrégulière. Rapprocher les charbons à la main, ce qu'on fit d'abord, n'a rien de bien pratique; aussi essaya-t-on de faire faire automatiquement ce rapprochement; Thomas Wright en 1845 fit le premier appareil de ce genre, et en 1848, Léon Foucault utilisa les propriétés de l'électro-aimant dans ce but. Une lame de fer doux soulevée par un ressort était fixée sur l'électro-aimant par le courant qui équilibrait ainsi la pression du ressort; si le courant faiblissait par un écart trop grand des charbons, ce ressort détachait la lame des pôles de l'aimant, elle venait heurter et monter les charbons par soubresauts. Des crémaillères ajoutées à l'appareil le rendirent plus régulier. Aujourd'hui, après avoir subi un grand nombre de modifications, le régulateur Foucault est d'une très grande sensibilité et a reçu, selon les constructeurs, des noms divers qui confondent le régulateur et la lampe, la lampe à arc surtout. Les charbons ne sont plus conservés actuellement que pour éclairer de grandes surfaces, de grandes étendues, des salles de spectacle, des usines, et ont toujours besoin de régulateurs, dérivés de celui de Foucault, et formant avec la lampe un ensemble dont le nom varie avec la petite ou grande modification de l'inventeur.

Un régulateur complique singulièrement une lampe et en augmente le prix. L'allumage à distance nécessite aussi, en ce cas, un appareil spécial. Ce n'était pas l'idéal. En 1876, un officier de génie russe, M. Jablochkoff, au lieu de placer verticalement les charbons, comme on avait fait jusque-là, l'un en face de l'autre, les mit côte à côte séparés par une bande de kaolin facilement fusible. Ce système, plus commode, permettait aussi de mettre plusieurs lampes sur le même trajet; mais avec les courants continus les charbons s'usaient inégalement, tandis qu'ils s'usaient régulièrement avec les courants alternatifs. On donnait à la lumière, régulière et de durée prévue, une coloration variable avec la substance isolante : le kaolin donnait une teinte bleuâtre; le plâtre, une teinte rosée très agréable à l'œil. Wilde, puis Jamin supprimèrent l'isolant, et imaginèrent des modes d'allumage différents. La bougie Jamin peut brûler renversée, et l'ascension des charbons se fait par les courants eux-mêmes, tournant autour d'eux et agissant dans le même sens d'après les lois d'Ampère. La lampe-soleil qui apparut à l'Exposition d'électricité de 1881 avait une lumière très brillante. Ce sont toujours les courants alternatifs qui actionnent ces divers modèles.

LAMPES A INCANDESCENCE

Après les lampes à arc voltaïque que nous venons de décrire, il nous faut parler des lampes à incandescence que peuvent actionner des piles ou les courants des dynamos, mais qui exigent une moindre dépense, une moindre installation, des fils plus petits... L'idée en a été conçue en 1845, par M. King : il faisait passer le courant à travers le crayon de charbon qui devenait incandescent et fournissait ainsi une vive lumière. Mais la lumière si brillante des lampes à arc fit abandonner l'idée. Les Russes Konn, Bouliguine, Kosloff y revinrent successivement en 1875, et depuis, avec un fil de platine, puis du charbon; c'est la résistance opposée au passage du courant qui rougit le platine ou le charbon et le brûle peu à peu : *c'est l'incandescence avec combustion*. M. Trouvé a glissé un crayon de graphite très mince dans un tube placé dans le pied de la lampe où il se trouve poussé par un petit contrepoids sur une roulette de charbon; six éléments Bunsen suffisent à l'alimenter. Ce fut là une lampe commode à son heure.

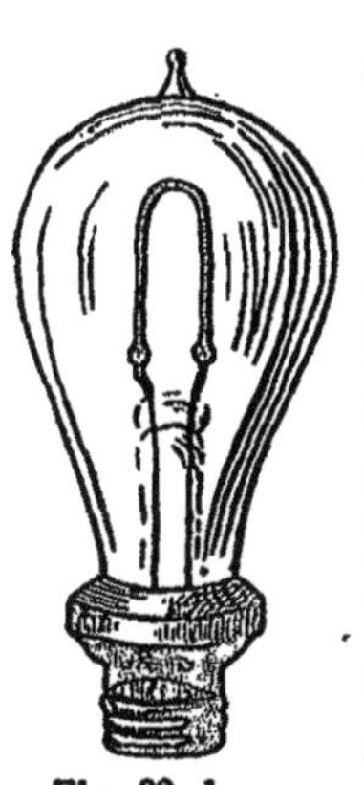

Fig. 32. Lampe à incandescence.

Le vide augmentant l'incandescence et la durée de la lampe, on plaça le charbon reliant les deux fils conducteurs dans le vide; ce fut la lampe à *incandescence pure*, il en existe plusieurs modèles : Lontin, Edison, Maxim, Swan. Toutes sont formées d'une ampoule de verre soufflée dans laquelle est fixé un fil de coton ou de ramie carbonisé, un fil de charbon provenant de bristol carbonisé,... c'est toujours un carbure végétal préparé de la même façon. D'abord faites au prix de trois francs (1883), se brûlant parfois au premier allumage, elles étaient dispendieuses ; elles sont aujourd'hui à un prix abordable.

L'ÉCLAIRAGE PUBLIC

L'éclairage public a un grand intérêt et permet des expériences plus démonstratives que l'éclairage particulier. En 1844, des tentatives furent faites place de la Concorde avec un unique foyer muni d'un réflecteur, situé à une quinzaine de mètres au-dessus du sol et alimenté par une forte batterie de piles. D'autres essais aussi coûteux furent faits sur le Pont-Neuf, l'Arc de Triomphe de l'Étoile, la Porte Saint-Martin. La lumière était inégale et trop brillante, et son avenir paraissait assuré... *négativement* !

En 1878, on éclaira la façade de l'Opéra; puis, le 31 mai 1878, trente-deux globes de verre émaillé, placés entre les réverbères, le long de l'avenue de l'Opéra, s'allumèrent instantanément à huit heures du soir, faisant pâlir les becs de gaz semblables à des lampes fumeuses! C'étaient des globes avec chacun quatre bougies Jablochkoff.

La même année, l'Exposition des Beaux-Arts fut ouverte le soir avec l'éclairage électrique. L'impression fut défavorable. La Ville de Paris elle-même se montra là peu progressiste, ne voulut pas prendre d'engagements durables, et la Compagnie Jablochkoff cessa en 1882 l'éclairage de l'avenue de l'Opéra, obtenant cependant divers éclairages à Londres ; ce ne fut que plus tard que s'arrangea le différend, lequel évidemment faisait la grande joie des actionnaires de la Compagnie du Gaz.

Pendant ce temps, à l'étranger, la lumière électrique progressait ; à San Francisco, Akron (État de l'Ohio), à Londres, Stockholm, Amsterdam, Saint-Pétersbourg... et enfin Paris de nouveau, s'éclairaient électriquement et voyaient prospérer maintes sociétés... Et les actions de la Compagnie du Gaz ne baissaient point, celle-ci s'ingéniant à regagner par le chauffage, la cuisine au gaz, la consommation manquant à l'éclairage !

APPLICATIONS DIVERSES

Les grands magasins du Louvre, l'Hippodrome, la gare de Lyon, la gare Saint-Lazare furent les premiers grands établissements éclairés à l'électricité.

Il est inutile de montrer les avantages de la lumière électrique, sa propreté, son allumage instantané et sans allumettes par le simple déplacement d'un bouton interrupteur, l'absence des gaz de la combustion, laquelle se fait aux dépens de l'air destiné aux combustions humaines, les incendies diminués en de larges proportions...

Les phares, les lampes sous-marines, les lampes de sûreté des mineurs, la suppression de la nuit à volonté, les signaux nautiques ou militaires... tout devient possible. On a éclairé l'intérieur du corps de poissons (G. Trouvé), de l'homme (Foveau de Courmelles), au moyen de petites lampes sans chaleur, déglutics comme l'on fait d'un vulgaire tube de lavage de l'estomac. En opérant autrement, on éclaire maints conduits organiques par des lampes et des jeux de miroir (cystoscopes, endoscopes...).

LA CONSOMMATION DE PARIS

L'*éclairage* électrique au moyen de courants continus par les machines Gramme de ce genre, au moyen de courants alternatifs par des dynamos diverses est, en pleine prospérité, et voici actuellement les chiffres de Paris, d'après le rapport de M. Charles Bos au conseil municipal; vu l'intérêt et la nouveauté du document, nous croyons bon de donner les chiffres :

Il y avait en 1897 en service à Paris 652.900 lampes à incandescence, se répartissant ainsi :

	Lampes
La Société Edison alimente	70.000
La Société d'Éclairage et de Force	60.000
Le Secteur de la place Clichy	85.000
La Société de l'Air comprimé	55.000
Le Secteur des Champs-Élysées	80.000
Le Secteur de la Rive gauche	10.000
Le Secteur municipal	6.000

A ces 366.000 lampes, il convient d'ajouter 286.900 lampes alimentées par des installations particulières.

Installations municipales :

	Lampes
Hôtel de Ville	5.400
Bercy	900
Abattoirs	600
Gares	13.000
Théâtres	7.000
Magasins	8.000
Grands hôtels	12.000
Divers	240.000

Voici le prix moyen par hectowatt-heure à Paris en 1897, à comparer avec les autres pays pour constater notre infériorité ou mieux, ce qui est l'équivalent, notre cherté :

	Pour l'éclairage, en francs
Usine municipale d'électricité des Halles centrales	0.102
Compagnie continentale d'Edison	0.1073
Société d'Éclairage et de Force par l'électricité	0.1042
Compagnie parisienne de l'Air comprimé	0.1135
Secteur de la place Clichy	0.1118
Compagnie du Secteur des Champs-Élysées	0.1269
Secteur de la Rive gauche	0.0966

En province, ce prix varie de 0 fr.10, 0.11, 0.15, 0.07, 0.08, 0.12 à 0.125.

En Angleterre, il est de 0 fr. 0525, 0.0735, 0.063, 0.0367, etc.

En Allemagne, il est de 0 fr. 086, 0.076, 0.101, 0.0247, 0.143, 0.74, 0.084, etc.

L'*électrotechnie* — comme on appelle chez nos voisins d'outre-Rhin la science électrique — s'y développe à pas de géant. Les vingt-trois principales sociétés y ont fait verser plus d'un demi-milliard qui rapporte 11,25 0/0, — capital qui de 1896 à fin 1898 s'était doublé. — Rien que pour la Prusse, de 1891 à 1898, les machines ont quadruplé en nombre et quintuplé en puissance : voici leur répartition en 1898.

	Machines à vapeur	Chevaux-vapeur
1. Servant à l'éclairage.....	2.873	154.772
2. — à des transmissions de force.	61	10.785
3. — à d'autres fins....	25	7.278
4. — à des buts mixtes :		
a) Éclairage et transmission de force......	225	84.216
b) Autres applications...	21	1.675

On voit que c'est la production de l'éclairage qui, de loin, fournit le contingent le plus considérable.

Les chiffres que nous avons reproduits se passent de commentaires. Ils caractérisent un développement d'une rapidité et d'une puissance sans exemple dans l'histoire industrielle.

En Russie, le prix de l'éclairage est de 0 fr. 20; en Autriche-Hongrie, de 0.111 ; en Suède, de

0.081; en Belgique, de 0.070; en Suisse, de 0.30 par bougie de 125 heures.

Nous pouvons rapprocher de ce qui précède, l'extrait suivant du mémoire du préfet de la Seine au conseil municipal sur le budget de la Ville de Paris :

La redevance pour occupation du sous-sol de la voie publique par les canalisations d'électricité présente une augmentation de 133.000 francs pour l'exercice 1898. Cette augmentation est motivée par l'extension croissante de la canalisation des secteurs et du nombre de leurs abonnés. Il est intéressant de relever la progression suivie par ces redevances depuis leur apparition dans notre budget. La voici :

1889............	Constatations	28.913 89
1890............	—	86.358 09
1891............	—	186.192 54
1892............	—	176.268 15
1893............	—	322.237 68
1894............	—	385.661 32
1895............	—	448.105 97
1896............	—	533.522 04
1897............	Évaluation	647.200 »

La Ville de Paris, que nous avons vue assez peu partisan de l'éclairage électrique, y gagne d'orès et déjà suffisamment pour l'encourager et le faire progresser; de même que les autres innovations, il est, en effet, de ces canalisations qui servent à porter, à domicile, aussi bien de la force que de la lumière.

CHAPITRE XII

L'ÉLECTRICITÉ DOMESTIQUE

Appels, avertisseurs et allumoirs. — Plume, timbrage et gravure électrique. — Bijoux électriques. — Dressage des chevaux et chasse électrique.

APPELS, AVERTISSEURS ET ALLUMOIRS

En employant l'électricité aux usages domestiques courants, on se sert de petits appareils inoffensifs qui font du fluide puissant un esclave soumis et docile; nous y retrouvons des applications connues comme les *sonneries*, les *téléphones* quand ils sont cantonnés aux appartements pour permettre de faire la conversation sans se déranger, l'*éclairage* par les piles, la *galvanoplastie*, la dorure et l'argenture, procédés aussi domestiques qu'industriels. Les piles Leclanché conviennent très bien aux sonneries d'appel et de téléphone; les piles Daniell, pour recouvrir les objets de cuivre, d'or ou d'argent; l'*art de la gravure* a bénéficié de la galvanoplastie, car les clichés en bois ou en plomb sont remplacés par des *galvanos* peu coûteux et facilement renouvelables.

Nous connaissons les *avertisseurs* pour incendies, pour élévation de température de la chambre des malades, tous appareils reliés à des sonneries.

L'*allumoir électrique* utilise l'étincelle d'induction pour allumer des substances facilement inflammables, tels que l'alcool, l'essence minérale, le gaz... L'allumoir domestique est formé d'un ou deux aimants Leclanché reliés par un fil à une lampe métallique contenant de l'essence minérale et par l'autre fil au couvercle métallique de cette lampe, lequel porte un balai de fils de cuivre qui viennent, à volonté, frotter sur la partie métallique d'où sort la mèche : le courant galvanique ainsi interrompu provoque en son circuit un courant d'induction qui allume rapidement l'essence. On a encore imaginé de relier la pile à un petit fil de platine qui rougit quand passe le courant et peut ainsi allumer l'alcool, le gaz...

Un autre allumoir est basé sur l'électricité statique; par la pression on met en mouvement en un étui conducteur, deux cylindres creux constituant une machine de Wimshurst en miniature et l'étincelle qui se produit à l'extrémité de l'appareil allume la substance inflammable qui est près d'elle.

PLUME, TIMBRAGE ET GRAVURE ÉLECTRIQUE

La *plume électrique* que meut une pile est un petit électro-moteur, fait une sorte d'écriture à jour constituant ainsi une véritable planche d'imprimerie : l'encre grasse passera à travers les trous, se déposant sur le papier blanc, et on aura autant de copies que l'on voudra. Dès 1854, on fit usage d'une plume mue mécaniquement. Mais c'est en 1879 qu'Edison inventa sa plume électrique. Depuis, les rayons X influençant des centaines de feuilles de papier sensible constituent un mode d'impression nouveau et peu coûteux.

Le *timbreur électrique* est formé d'une empreinte représentée par des fils de platine rougissant légèrement quand passe le courant, et brûlant ainsi la matière placée au-dessous. On a ainsi une marque ineffaçable.

La *gravure sur verre* a été imaginée par l'inventeur des accumulateurs, M. Gaston Planté : en 1877, il recouvre le verre d'une couche de nitrate de potasse communiquant avec un pôle de la pile, on dessine sur le verre avec une pointe reliée à l'autre pôle, le nitrate est ainsi enlevé et la dissolution du sel attaque le verre sous le passage, c'est-à-dire sous la pointe ; les traits sont plus ou moins profonds selon que l'on opère lentement ou rapidement.

BIJOUX ÉLECTRIQUES

Les *bijoux électriques*, encore une ingénieuse innovation de M. Trouvé, peuvent servir à satisfaire l'imagination d'esprits fantaisistes, comme à produire des effets saisissants, au théâtre, dans les féeries... Du verre taillé devient instantanément un diamant aux mille feux. Une tête de mort s'illumine d'yeux en diamants et de dents se mouvant. Un lapin frappe sur un timbre d'or. Un simple courant arrivant à volonté suffit à produire ces effets, et la pile qui donne ce courant est hermétique, de la forme et de la grosseur d'un cigare ; renversée, la pile donne son courant à un minuscule électro-aimant qui produit ces effets féeriques.

DRESSAGE DES CHEVAUX ET CHASSE ÉLECTRIQUE

Le *dressage des chevaux* par l'électricité a été imaginé par M. Defoy, puis perfectionné par M. Ch. Chardin. Il consiste à produire, par une petite machine de Clarke, un courant envoyé au circuit formé par le mors et la gourmette. Le cheval s'emporte-t-il, le cocher donne deux ou trois tours à la manivelle de la machine placée près de lui ; le cheval est saisi, stupéfié et s'arrête. Une cravache électrique, du même inventeur, agit identiquement, les deux pointes du stick placé sur un des côtés de l'animal arrêtent bientôt le plus fougueux. M. Chardin emploie un appareil d'induction voltaïque plus maniable dont on envoie à volonté le courant ; c'est également un moyen de contention de certains déments.

La *chasse électrique* utilise ce même procédé, certains animaux sont ainsi suffisamment terrifiés, pour être hors d'état de fuir, *inhibés*, et ainsi facilement saisissables. Mais nous ne croyons pas ce procédé encore bien pratique. La fascination des alouettes se fait encore par l'honnête tournebroche; il peut être mû, non par le classique mouvement d'horlogerie, mais par un moteur électrique; de même, la machine à coudre; on peut encore se brosser la tête sans faire de mouvement. Le *chauffage électrique* est également en train de devenir pratique; on peut élever la température de l'eau, chauffer des fers à friser ou à repasser; tout cela *relativement* à bon marché; il donne aussi la *couveuse électrique* pour les enfants nés avant terme, avec avertisseur également électrique prévenant de l'élévation ou de l'abaissement de la chaleur.

Que d'usages probables dans l'avenir! L'électricité bien et facilement conduite, n'est-elle pas la force la plus docile, la plus souple et la plus maniable!

CHAPITRE XIII

L'ÉLECTRICITÉ INDUSTRIELLE

Éclairage des profondeurs terrestres ou sous-marines. — Force motrice. — Utilisations diverses.

ÉCLAIRAGE DES PROFONDEURS TERRESTRES OU SOUS-MARINES

L'industrie emploie l'électricité sous forme de lumière ou de force.

Les *mines de houille* en ont pris de suite l'éclairage. N'ont-elles pas à redouter le feu grisou, qui, au courant de la moindre flamme, produit des explosions épouvantables et mortelles pour les pauvres mineurs? en outre, la quantité de lumière étant plus considérable, la solidité des poutres de soutènement est mieux surveillée et les éboulements moins à craindre.

L'électricité ne se borne pas à éclairer l'intérieur solide du globe, mais encore sa masse liquide, et les deux rudes travailleurs de la houille ou du *scaphandre* bénéficient de sa lumière que rien n'éteint! L'électricité brûle à volonté et ne consomme nul gaz pour sa combustion qui n'est d'ailleurs que de l'incandescence dans le vide; aussi ne prend-elle pas au scaphandrier une partie de son oxygène respiratoire enfermé avec lui; par suite, il est moins obligé de remonter à la surface et renouvelle moins fréquemment son atmosphère artificielle et vitale. En outre, en ses descentes périlleuses, en sa recherche de perles ou plus simplement de produits végétaux ou animaux sous-marins que les savants veulent étudier, le hardi plongeur voit comme en plein jour. Désormais plus de ténèbres nulle part, même en les mystères de la vie que l'électricité éclaire déjà plus qu'on ne saurait croire!

La *pêche* électrique se pourrait faire comme la chasse du même genre, mais la difficulté est d'atteindre l'animal que la commotion doit foudroyer ou simplement stupéfier. On s'est borné jusqu'ici à essayer d'attirer les poissons — comme les papillons! — à la lumière, mais les essais ont été tantôt merveilleux, tantôt décevants, et l'on n'est pas encore fixé à ce sujet.

Au *théâtre*, en dehors des bijoux électriques, de l'éclairage supprimant les incendies, l'électricité peut encore produire des effets de lumière saisissants. A travers des verres colorés ou des prismes mus automatiquement ou tournés par un opérateur, on produit, sans l'embarras des encombrantes lampes d'antan, des intensités et des colorations étranges, variées, mystérieuses et merveilleuses! On imite dans la perfection la foudre, l'arc-en-ciel, le soleil levant...

FORCE MOTRICE

Les *chemins de fer* ont leurs signaux d'alarme pour les voyageurs, leurs signaux d'annonce pour les gares, leurs télégraphes mobiles et à poste fixe, leurs téléphones. Ils ont leurs *freins* qui fonctionnent par l'action d'un courant qui redresse un levier à joint, lequel se termine par des sabots et les appuie sur les roues; on peut ainsi arrêter sur deux cents mètres environ un train lancé à une vitesse de 80 kilomètres à l'heure. La Compagnie du Nord a expérimenté avec succès dès 1878 le frein Achard.

Les trains pourraient être électriques comme certains *tramways* et faire leur provision d'énergie par des accumulateurs, ce qui n'est pas encore, reconnaissons-le, un procédé simple et non dispendieux. Et comme, ainsi que cela a été spirituellement écrit, et que les compagnies le démontrent constamment : « En France, les voyageurs sont faits pour les chemins de fer, tandis qu'à l'étranger les chemins de fer sont faits pour les voyageurs ! » — boutade que l'on constate facilement vraie pour peu que l'on soit un peu sorti de son pays, — ne nous attendons à voir que dans longtemps, bien longtemps, les chemins de fer à l'électricité ! Cependant certains s'éclairent ainsi, ne s'allumant le jour que pour le passage sous les tunnels... La *transmission de la force à distance* a cependant été essayée sur l'une de nos grandes compagnies, et le problème est, sinon résolu, du moins avancé.

Les *moteurs électriques* fondés sur les mouvements automatiques d'électro-aimants sur une énergie électrique ou hydraulique envoyée, sur la réversibilité d'autres machines électriques, rendent déjà de grands services, pour les petits métiers, pour l'ajustage, le limage des pièces. L'ouvrier devient ainsi un maître, un maître intelligent dirigeant à son gré sa machine.

L'*automobile* — que l'on pourrait encore appeler l'*accumobile* puisque des accumulateurs, avec postes de relais, sont appelés à lui fournir l'énergie nécessaire, — est l'utilisation du moteur électrique avec source d'énergie pratique aux divers modes de transport de l'homme.

En 1881, vers la fin de mars, M. Trouvé — encore! — a fait fonctionner un *vélocipède* — on ne connaissait pas encore la bicyclette — à l'aide de son petit moteur actionné par trois éléments secondaires de Planté. Le poids total à traîner était de 160 kilogrammes, la vitesse acquise fut de 4 à 5 kilomètres à l'heure. L'Exposition des automobiles aux Tuileries en 1899 a montré un certain nombre de types pouvant, avec 500 kilogrammes d'accumulateurs, fournir 100 kilomètres à telle vitesse et en tel terrain que l'on veut.

M. Trouvé a également fait marcher un *bateau* sur la Seine au moyen d'un moteur double ou à deux bobines, et une batterie à treuil de piles au bichromate. M. Gaston Tissandier adapta le moteur Trouvé à un *ballon* qui, ainsi, fonctionna, aérostat captif, à l'Exposition d'électricité de 1881.

Les *ascenseurs électriques* dispensent de creuser des puits profonds comme il en faut pour les ascenseurs hydrauliques.

Le *labourage à l'électricité* a été essayé avec succès, en 1879, à Sermaize (Marne), avec le principe de la transmission à distance et quatre machines Gramme disposées deux par deux sur deux treuils à chaque extrémité de la pièce de terre à labourer. En Amérique, on laboure le sol, on *fauche*, on *lie* et on *bat les récoltes* à l'électricité; leurs immenses plaines sans fin, leurs pampas défrichées permettent presque sans direction l'emploi indéfini des machines électriques.

UTILISATIONS DIVERSES

L'*explosion des mines*, à grande distance, par l'électricité, est très simple. Par les ondes électriques et le tube à limailles Branly, le problème se simplifie encore. Dès 1860, M. Trêves, lieutenant de vaisseau, fit sauter le fort de Peï-ho, en Chine, par l'étincelle de la bobine de Ruhmkorff, dirigée dans les tonneaux de dynamite.

L'*allumage du gaz* peut se faire également par l'étincelle de la bobine, et on peut relier par des fils tous les becs d'une rue, d'un quartier, et les allumer simultanément.

On *vieillit les vins* ou *les alcools* par l'électricité.

Les *creusets électriques* où se fondent en masse les substances les plus réfractaires, où se fabrique le carbure de calcium, générateur de l'acétylène, sont dus à M. H. Moissan.

Le *blutage* électrique est la seule application industrielle de l'électricité statique. Des rouleaux isolants, en ébonite ou en caoutchouc durci, sont frottés par des coussins de laine; ils tournent audessus de tamis remplis de farine mêlée au son; le caoutchouc attire le son et la farine s'écoule pure de tout mélange.

L'*éclairage électrique* est l'application industrielle la plus répandue, la plus courante, ainsi que nous l'avons vu. Il donne des torrents de lumière, dissipe l'obscurité, supprime la nuit, permet la photographie à tout instant, et donne à l'homme, s'il le veut et le peut, la disposition entière des vingt-quatre heures qui constituent la journée! Ennemie des trois huit, l'électricité permet le travail constant, incessant. Et Paris, la ville la plus laborieuse du monde, qui l'est plus encore pour préparer ses grandes assises pacifiques de 1900, est remué, fouillé, élevé, construit jour et nuit, sans cesse ni repos. Et la victorieuse et lumineuse électricité éclaire et permet son labeur puissant et fécond!

CHAPITRE XIV

L'ÉLECTRICITÉ MÉDICALE

Les torpilles. — Dufay et l'abbé Nollet, électrophysiologistes. — Les électrothérapeutes du XVIIIe siècle, Marat. — L'expérience de Galvani répétée sur l'homme. — L'électrothérapie au XIXe siècle : Duchenne de Boulogne. — Exemples d'actions curatives. — L'électricité vitale.

LES TORPILLES

Très ancienne, l'électricité médicale! Scribonius, physicien romain, ne raconte-t-il pas qu'un affranchi de Tibère fut guéri de la goutte par la décharge d'une torpille? Dioscoridos propose le même remède pour les maux de tête. Fahie nous

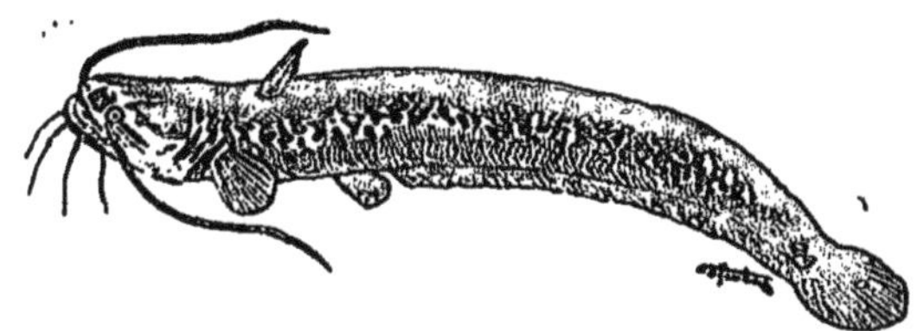

Fig. 33. Le silure-glanie.

dit aussi que des indigènes d'Afrique, près de la rivière de Calaha, guérissent leurs enfants en les mettant en contact avec des torpilles.

La méthode continue d'être en vogue. Aétius, médecin grec, rapporte en 450 une nouvelle guérison de la goutte par les décharges provoquées d'une torpille.

Maints animaux marins, gymnotes, silures... partagent avec la torpille cette curieuse faculté qui n'est pas négligeable, suffisante même à allumer des lampes électriques. Nous avons pu nous en convaincre sur nous-même, à l'aquarium d'Arca-

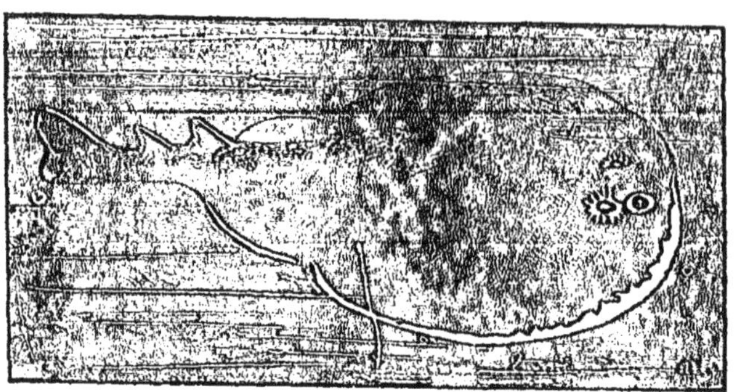

Fig. 34. La torpille marbrée.

chon, à la Société des Électriciens,... il y a quelques années. L'animal l'utilise pour paralyser sa proie et s'en saisir.

Mais revenons en arrière, la science comme la nature ne procède pas par sauts brusques, elle ne s'édifie que lentement, progressivement, par les travaux de maintes générations de travailleurs. A certaines époques, elle semble marcher plus vite, elle va réellement et rapidement de l'avant, mais c'est qu'une question a passionné, que les travailleurs pris d'une noble émulation se sont fait légions. Il n'en est souvent ainsi qu'après de longues périodes de repos, comme pour un laborieux enfantement.

DUFAY ET L'ABBÉ NOLLET, ÉLECTROPHYSIOLOGISTES

Vers 1160, Eustache, évêque de Thessalonique, devançant l'abbé Nollet, voit des étincelles sortir du corps humain.

Vers 1735, Dufay et l'abbé Nollet obtinrent à

Fig. 35. L'abbé Nollet.

leur tour, et à volonté, cette étincelle de douleur très légère, semblable à une piqûre d'épingle, perceptible pour l'opérateur et l'opéré ; l'électricité s'accusant encore quand on opérait dans l'obscurité par une émanation lumineuse venant du corps de l'individu électrisé.

L'expérience de la bouteille de Leyde donna à

Musschenbroeck une secousse épouvantable ; Allaman, l'un des témoins, — avec la curiosité et le courage ordinaires des savants, — voulut en juger *in anima nobili*, sur lui-même, et en fut étourdi au point d'en perdre « pour quelques moments la respiration » (lettre à l'abbé Nollet, 1746). De même Winckler qui fut plus violemment secoué encore, la tête devint très pesante et il crut avoir un accès de fièvre chaude qu'il dut soigner ; sa femme essaya et essuya aussi le choc électrique : elle fut huit jours ayant à peine la force de se mouvoir, mais au bout de ce temps, elle essaya de nouveau et n'eut qu'un saignement de nez. Les femmes aidaient leurs maris en leurs travaux, on trouvait cela bien ; aujourd'hui on instruit la femme, mais, dans le même cas, on critique !

On attribuait au verre d'Allemagne ces propriétés condensatrices, mais l'abbé Nollet apprit à ses dépens que le verre de France était aussi bon pour cela !

L'abbé Nollet essaya ensuite, solennellement, devant Louis XV, le choc sur deux cent quarante soldats, une compagnie des gardes françaises, formant une chaîne ininterrompue. Le premier soldat tenait à la main la bouteille d'eau électrisée, et l'abbé Nollet vint toucher la tige de fer qui y plongeait reliant ainsi les deux armatures : la secousse fut instantanée et uniforme pour toute la compagnie qui tressaillit et sauta à l'unisson ! L'abbé Nollet répéta l'expérience peu de temps après, au couvent des Chartreux, il espaça les moines, les reliant avec des fils de fer tenus dans la main, sur un espace de 900 toises (1.800 mètres), et, aussitôt le courant établi, tous vibrèrent ensemble, inhabitués peut-être, dit Louis Figuier, « à une telle unanimité d'impression »!

L'abbé Nollet tua ensuite des oiseaux, des poissons ; sur un moineau qui périt on crut remarquer toutes les veines crevées, et on en disserta huit jours! Un bruant résista.

Tout frottement, même la vapeur d'eau sur les parois de sa chaudière, dégage de l'électricité statique, le fait fut accidentellement constaté en 1840, par un mécanicien réparant une chaudière sous pression et recevant des secousses. M. Armstrong, informé du fait, le vérifia, et en déduisit la machine hydro-électrique qui porte son nom.

LES ÉLECTROTHÉRAPEUTES AU XVIIe SIÈCLE : MARAT

Les faits physiologiques provoqués par les expérimentateurs sur eux-mêmes, au moyen de l'électricité statique, ou l'observation des effets de la foudre sur les pointes des lances des soldats romains (César), sur les pointes par le moine Gerbert, devenu le pape Sylvestre II au xe siècle... n'avaient pas créé l'électrothérapie, les torpilles étant abandonnées depuis les Romains. Mais le xviiie siècle ne pouvait laisser inutilisées les expériences qu'il admirait. Et bientôt les abbés Bertholon et Sans ne tarirent pas sur les miracles qu'ils opéraient. Déjà, en 1744, Kruger, à Holmstadt, l'appliquait avec succès ; Hermann Klyn guérissait, en 1746, une femme paralysée depuis deux ans, en lui tirant de petites étincelles avec la bouteille de Leyde ; de même Jallabert, en 1748, pour une paralysie ancienne du bras droit. C'est alors que Pivati, de Venise, parla des actions de transport électro-médicamenteux dans l'organisme, ce qui fut depuis démontré et appelé *cataphorèse;* mais Pivati exagéra et prétendit que l'électricité véhiculait les substances thérapeutiques même à travers des tubes de verre : il ne put le prouver à l'abbé Nollet, venu de France pour cela.

En 1753, le médecin suédois Lindult guérissait une chorée; et un de ses confrères, un épileptique invétéré.

C'est surtout à partir de cette époque, jusqu'en 1789, que les abbés Bertholon et Sans publièrent la vertu curative universelle de l'électricité, qu'il exista même à Paris un hôpital de traitement électrique pour les épileptiques. Marat, médecin et bon médecin, en un mémoire couronné par les Académies du temps, ramenait les choses à leur réelle valeur, et déterminait les cas morbides où l'électricité agissait réellement.

De Romas fit en même temps que ses expériences atmosphériques, des essais thérapeutiques heureux communiqués à l'Académie de Bordeaux.

Le *choc en retour* expliquait déjà les actions électro-atmosphériques à distance, sur l'homme et les animaux.

L'EXPÉRIENCE DE GALVANI RÉPÉTÉE SUR L'HOMME

L'expérience de Galvani est une expérience électro-physiologique. Maints observateurs l'appliquèrent de suite au traitement des paralysies. De Humboldt en découvrit l'action sur le cœur, sur les parties contractiles, sur les sécrétions des plaies;... il obtint même la contraction musculaire de la grenouille en repliant ses jambes de manière à les mettre en contact avec ses nerfs lombaires, en touchant deux points d'un nerf lombaire avec un morceau de substance musculaire pris sur le même animal vivant.

Bonaparte fut enthousiaste de Volta dès la séance de l'Académie des sciences de Paris de 1800; plus encore, quand il connut l'électrolyse de Cruikshank, et frappé par le transport des éléments vers les pôles, il réfléchit, puis dit à Corvisart, son médecin :

« Docteur, voilà l'image de la vie : la colonne vertébrale est la pile ; le foie, le pôle négatif; la vessie, le pôle positif. »

Dans le prix qu'il fonda, il déclara vouloir encourager l'étude de la physique animale, du rapprochement des phénomènes électriques de l'organisme vivant avec ceux de l'appareil de Volta.

Dès 1793, Larrey communiqua à la *Société Philomathique* le résultat de l'expérience de Galvani sur un membre sain, victime d'écrasement et amputé, par le nerf poplité; enveloppant le tronc d'une lame de plomb et touchant avec une lame d'argent les muscles gastrocnémiens, il provoqua ainsi de très forts mouvements convulsifs dans la jambe et même dans le pied du membre amputé. Le chirurgien J.-J. Sue répéta avec le même succès l'expérience à l'hôpital militaire de Courbevoie, sur la cuisse d'un militaire de 26 ans. Et maintes autres, semblables, furent alors publiées. Bichat les essaya avec succès sur divers suppliciés (1798); de même Aldini, à Londres, et les médecins de l'association de Mayence (1803).

De Humboldt ranima quelques minutes une linotte à demi morte, en lui introduisant dans le bec une petite lame de zinc, dans le rectum un petit tuyau d'argent et réunissant par un fil conjonctif en fer.

Mais ce furent surtout les expériences sur les suppliciés qui passionnèrent. Le Dr Andrew Ure et quelques physiologistes les répétèrent le 4 novembre 1818, à Glasgow, sur le corps de l'assassin Clydsdale, athlète d'environ 30 ans à qui ils avaient acheté son propre cadavre. On opéra avec une pile à auges de deux cent soixante-dix couples, cuivre et zinc de quatre pouces. On fit certaines dissections pour isoler les nerfs à expérimenter. Le résultat fut prodigieux : le cadavre respira violemment, la jambe fléchie se détendit avec violence, tous les muscles du corps furent agités convulsivement, tous les muscles de la face furent mis en action d'une manière effrayante et avec des sentiments divers, rage, angoisse, désespoir, sourires affreux ;... les doigts s'ouvrirent quoi qu'on fît pour les tenir fermés...

L'ÉLECTROTHÉRAPIE AU XIXe SIÈCLE : DUCHENNE DE BOULOGNE

Puis cette curiosité se calma, l'outillage était réellement trop complexe et trop peu maniable. Quelques essais épars, des opérations faites avec le feu galvanique, mais rien de bien marquant jusqu'à l'immortel Duchenne de Boulogne (1806-1875); avec un outillage incomplet, induit ou faradique surtout, souvent construit de ses mains, ne sut-il pas trouver les caractères électriques diagnostiques de maintes affections nerveuses ; le fait n'est pas douteux, puisqu'il aida Charcot — qui aimait à le publier, à se dire l'élève de Duchenne, — à créer la neuropathologie. Aussi, sait-on aujourd'hui non seulement diagnostiquer, mais soigner maintes affections nerveuses, voire parfois pronostiquer le dénouement, tout cela par des moyens électriques. Duchenne fit plus qu'innover en le diagnostic et le traitement des maladies nerveuses ou organiques, il étudia, électriquement toujours, le jeu des *émotions*, la part qu'y prend tel ou tel de nos muscles du visage, ensemble de travaux dont s'inspirent encore les artistes et où Darwin puisa la plus grande partie de ses documents pour son livre sur cette question. Au premier Congrès international de *Neurologie et Électricité médicale* (Bruxelles, 1897), son distingué président, le Dr Verriest, professeur à l'Université catholique de Louvain, montrant ces précieuses conquêtes du « jamais assez admiré

Fig. 36. Portrait du Dr Duchenne de Boulogne.

Duchenne », ne voyait pas encore la science à la veille de déposer son bilan !

Et Boulogne-sur-Mer, sa ville natale, après deux tentatives faites en dehors d'elle et qui la trouvèrent bien peu empressée, s'est enfin décidée, en septembre 1899, après le monument de la Salpêtrière (1897), à élever une statue à son illustre enfant. Si c'eût été un politicien, elle se fût certainement, comme toute ville qui se respecte, plus hâtée !

On connaît aujourd'hui maintes actions des courants sur les êtres vivants sains, — c'est l'*électrophysiologie;* les réactions des muscles sains ou malades de l'homme aux divers courants électriques, ces réactions sont des courants de diagnostic, — c'est l'*électrodiagnostic;* enfin la médication des affections pathologiques par l'électricité sous ses diverses formes, — c'est l'*électrothérapie*. Ces trois sciences, bien que longtemps, souvent encore à l'heure actuelle, confondues, parfois mal appliquées, n'en existent pas moins, et sont inséparables surtout pour l'électrothérapeute. Il ne faut pas non plus croire à la panacée, — il n'en est point en médecine, — ni trop restreindre l'électricité : le lecteur qui nous a suivi a vu que l'électricité produisait à volonté l'électrolyse, le mouvement, la lumière,... aussi constitue-t-elle un ensemble de forces assez différentes et d'usages variables. De même que l'industrie produit un effet déterminé avec une modalité électrique classée et connue, la médecine s'adresse aux courants continus, induits, lumineux, pour des maladies diverses. Ici même, l'appareil récepteur, l'organisme humain étant infiniment plus délicat, les effets doivent se graduer d'une façon infiniment variable. Il n'est pas d'ailleurs jusqu'au sens des courants qui n'exerce une grande influence.

EXEMPLES D'ACTIONS CURATIVES

La multiplicité des influences électriques diverses sur l'organisme se conçoit, si l'on se rappelle l'action des courants sur les aimants, sur les courants qu'ils soient organiques ou inorganiques, l'électrolyse ou les courants continus... dans leur rôle avec la galvanoplastie, l'objet à cuivrer était au pôle négatif, dans le circuit extérieur; en thérapeutique humaine le pôle négatif est irritant, excitant, hypertrophique, hémophylique, autrement dit, il augmente la douleur si elle existe, ou fait saigner s'il y a tendance à l'hémorrhagie, et dans ce cas on le doit rejeter, mais il excite la nutrition et on devra l'appliquer sur les membres atrophiés. Inversement, le pôle positif du courant continu est calmant, sédatif, atrophique et hémostatique, la douleur cède à son application, et nous avons vu des malades qui souffraient atrocement s'endormir, — une tumeur perd de son volume, une hémorrhagie s'arrête...

Grâce à ces nuances, à ces variations d'action, on peut concevoir le vaste champ d'applications médicales de l'électricité et qui s'étend avec les nouveaux courants que l'on découvre tous les jours. Nous n'insisterons pas, renvoyant au cours d'Électrothérapie de l'École pratique de la Faculté de Médecine de Paris, au *Formulaire électrothérapique*,... du même auteur, ou mieux aux leçons inaugurales semestrielles, de nature vulgarisatrice, publiées sous le titre de *l'Électricité curative* (1), dont, en sa préface, le Dr Péan a noté « l'impartialité et le style académique ». Donnons seulement quelques exemples :

La *neurasthénie*, affaiblissement nerveux, l'obésité et le diabète, causes ou conséquences, sont guéris ou améliorés par les courants électrostatiques et de haute fréquence.

Les *paralysies* musculaires ou viscérales cèdent à la faradisation.

En *gynécologie*, inflammations, tumeurs,... les divers courants galvaniques, faradiques, sinusoïdaux, donnent les meilleurs résultats. En andrologie, certaines opérations sont ainsi également évitées.

Il n'est pas jusqu'à la beauté, taches sur le visage, duvet intempestif, rides... qui ne s'atténuent ou ne disparaissent.

Certaines opérations sont possibles par la chaleur que peut produire le courant continu dans une lame, une anse... de platine qui coupent ainsi sans hémorrhagie (*pyrogalvanie*) ; de la lumière s'obtient de même pour éclairer nos cavités (*endoscopie*)...

L'électricité est une force curative puissante, qui doit être bien maniée sous peine de produire des effets inverses aux résultats désirés.

(1) Dr Foveau de Courmelles : *L'Électricité curative* (1895) ; *Précis d'Électricité médicale* (1891) ; *Formulaire électrothérapique* (1900).

L'ÉLECTRICITÉ VITALE

L'électricité vitale existe en ce sens que nos contractions musculaires développent un courant décelé : si on enfonce des aiguilles très fines dans le muscle et qu'on les relie au galvanomètre, l'aiguille dévie. Nos réactions chimiques digestives donnent des courants mesurables (Foveau de Courmelles) ; de même nos réactions nerveuses (Gilles, Héger, Pupin).

Le travail, musculaire, digestif ou cérébral, développe de l'électricité ; celle-ci peut-elle se transmettre à distance, constituer le magnétisme animal, dévier une aiguille aimantée, ce sont là des questions résolues selon certains auteurs, et niées par la science actuelle. Quoi qu'il en soit, le magnétomètre de l'abbé Fortin formé d'une aiguille de cuivre, suspendue par un fil de cocon au-dessus de spires de fils de fer, dévie sous l'action de la main, dans des proportions variables avec les individus et même leur état de santé, mais dans des rapports encore inutilisables comme moyens d'investigation médicale.

Il existe des animaux lumineux, des êtres électriques attirant les corps légers, on en a publié divers cas : les premiers ont des affinités avec les rayons X, les autres avec le fluide statique.

La question de l'électricité vitale est — on le voit — multiple et demandera encore maints travaux pour être éclairée. Les analogies des fluides électriques et nerveux, leur matérialité — et, en mon *Esprit scientifique contemporain*, j'y insiste — s'imposent depuis les découvertes des rayons X, de la télégraphie sans fils. A ce dernier propos, M. Branly, l'inventeur des radioconducteurs, a établi pour l'organisme humain, dans le cas de certains phénomènes nerveux, hystérie, stupeur, inhibition... que les faits se passaient de même que dans les tubes à limailles, l'orientation ou mieux la conductibilité électrique étant modifiée par des chocs analogues aux émotions.

Étant données surtout les recherches histologiques récentes du Dr Ramon y Cajal, de Madrid, sur la *contiguïté nerveuse*, la découverte de la situation des cellules placées l'une près de l'autre, discontinues, mais pouvant s'accoler, — la continuité, le fil télégraphique nerveux supposé jusqu'ici n'existant pas en réalité, — on voit qu'un phénomène physique ou moral va, à la façon de l'étincelle éloignée, faire s'orienter, accoler, séparer, éloigner ces cellules, de là une augmentation, une diminution, un arrêt de la sensibilité nerveuse, à l'unisson du fait matériel produit. Étrange chose que la vie soumise, en ses lois, à ces répercussions! Télégraphie encore mystérieuse que la production et le cheminement de la pensée en l'être vivant. Qui peut se vanter d'en saisir un jour le point précis et le lieu d'éclosion?

CHAPITRE XV

LES DANGERS DE L'ÉLECTRICITÉ

Modes d'action sur les personnes. — Comment on ranime un foudroyé. — Moyens prophylactiques des accidents. — L'électrocution.

MODES D'ACTION SUR LES PERSONNES

L'électricité est une force curative et fatale, et ses désastreux effets, s'étendant parfois à un grand nombre de personnes, sont connus depuis longtemps. Provoquée au sein des nuages par le professeur russe Richmann se promenant volontairement, disent les uns, le 6 août 1759, par un temps orageux, à Saint-Pétersbourg, avec une barre métallique dirigée en l'air, provoquant la foudre en son laboratoire pour étudier, disent les autres ; quoi qu'il en soit, celle-ci se vengea de l'audacieux en le foudroyant !

Le 11 juillet 1819, dans l'église de Châteauneuf-les-Moustiers, pendant la messe, quarante-deux personnes furent tuées et quatre-vingt-deux blessées.

Sur les personnes, les accidents de la foudre sont de trois sortes : la mort, les infirmités plus ou moins incurables et la guérison. Certains individus se montrent réfractaires à son action, comme ils le sont dans une chaîne électro-statique, au passage du fluide, l'arrêtant même, comme si leur corps était mauvais conducteur !

Des effets bizarres se produisent parfois chez les individus foudroyés, comme la mort debout ou assis, le déshabillement complet ou incomplet avec transport au loin des vêtements, la production sur le corps d'images photographiques d'objets avoisinants ; à ce propos, notre *Traité de Radiographie* a rapporté un grand nombre de ces derniers faits, quelque peu parents des phénomènes produits par les rayons X.

Les accidents observés sur les victimes de la foudre sont, d'après le Dr Becquerel, médecin de la Pitié (1857) :

1° La production d'exanthèmes, urticaires, érythèmes, érysipèles ;

2° L'épilation de tout le corps, cheveux, ou même du système pileux intime ;

3° Des paralysies diverses, curables ou non ;

4° Des amauroses plus ou moins complètes ;

5° La surdité, la perforation du tympan ;

6° Des brûlures plus ou moins profondes ;

7° Des syncopes quelquefois très profondes ;

8° Des lésions diverses, comme l'arrachement de la langue ou d'un membre entier ainsi séparé du tronc, la production d'un trou dans le crâne ou la fracture comminutive de ses os, la proéminence ou l'arrachement des yeux.

Après la mort, on trouve chez les sujets la rigidité des membres, une flaccidité insolite, une putréfaction rapide ou l'inverse, le ramollissement des os, l'affaissement des poumons, la fluidité du sang.

Enfin, c'est l'imprévu, le protéiforme, les contrastes, l'opposition et le mystère !

Le regretté Brown-Séquard, dans une série de mémoires, a essayé de démontrer le mécanisme d'action de la foudre, double pour lui : c'est l'*inhibition* par l'épuisement instantané de toutes nos forces dynamiques, et l'asphyxie par la contracture des muscles respiratoires. Dans le premier cas, la putréfaction sera avancée, et retardée dans le second.

Lors de l'accident arrivé à la fête de la Presse, aux Tuileries, le 6 août 1882, l'autopsie des deux jeunes soldats faite par M. Brouardel, montra l'arrêt du cœur rempli de sang et l'asphyxie, la congestion périphérique du cerveau et des altérations de la moelle, — phénomènes constatés déjà par Marat sur des lapins foudroyés par lui.

COMMENT ON RANIME UN FOUDROYÉ

Le regretté Brown-Séquard s'est souvent occupé d'électrophysiologie, et c'est de lui — ce qui est arrivé du reste — qu'on était en droit d'attendre la confirmation de la découverte du mécanisme — et par suite le remède — du foudroiement, qu'il soit le fait de l'électricité atmosphérique ou de nos machines. La mort peut, en effet, arriver aussi de deux façons, ainsi que l'a confirmé l'un de ses élèves :

1° *Par lésion ou destruction des tissus* (effets disruptifs et électrolytiques de la décharge), ce qui arrive avec les courants continus, de 500 volts seulement pour M. Marcel Desprez, de 1.300 pour Edison ;

2° *Par excitation des centres nerveux* produisant l'arrêt de la respiration et la syncope, mais sans lésions matérielles : c'est le propre des courants alternatifs.

Dans le premier cas, la mort est *définitive;* dans le second, au contraire, elle n'est qu'*apparente.* Il est alors possible de rappeler le foudroyé à la vie en pratiquant la respiration artificielle et d'assimiler le foudroyé et le noyé dans les manœuvres de rappel à la vie qui sont d'ailleurs toujours les mêmes et se réduisent à *faire respirer* par n'importe quel moyen.

L'induction qui ressuscite un mort ou plus exactement fait accomplir à son cadavre quelques mouvements, devait être fatalement utilisée dans cet ordre d'idées pour tâcher de ramener la vie : Duchenne faradisait le nerf pneumogastrique — ce qui n'est pas sans danger — ou la région péricordiale; après lui, on préconisa la faradisation du larynx sur la peau humide, mais il faut reconnaître la valeur du procédé plus récent et non électrique du Dr Laborde : *les tractions rythmées de la langue.* Dans les cas de personnes atteintes de la foudre, M. Poey vante l'immersion des patients sous de nombreux seaux d'eau froide.

En mai 1894, à Saint-Denis, un ouvrier posant un fil téléphonique était à cheval sur une barre de fer qui vint à toucher l'un des fils conducteurs, alors que l'autre était tenu à la main; il se forma un court circuit à travers son corps et il reçut, pendant quarante-cinq minutes, entre la main et le haut de la cuisse, un courant de 4.500 volts. Plus d'une demi-heure après, à l'usine on s'aperçut de quelque chose d'anormal sur la ligne, un inspecteur vint qui y trouva l'ouvrier tétanisé et sans vie. On put alors (MM. Picou et Leblanc), après avoir vainement essayé la respiration artificielle, ouvrir de force la bouche, pratiquer les tractions rythmées de la langue de Laborde et rendre la victime à la santé; celle-ci est parfaite actuellement.

L'Académie de médecine, en sa séance du 5 février 1874, sur la demande du ministre des travaux publics, et en vue d'obvier à des accidents analogues, a formé une Commission pour édicter les précautions nécessaires.

MOYENS PROPHYLACTIQUES DES ACCIDENTS

Comme moyens préventifs contre les accidents, on ne peut que conseiller de ne toucher qu'un fil, de ne jamais fermer le circuit, ou encore de *s'isoler :* ainsi, placé sur un tapis isolant, chaussé de caoutchouc, sur un sol bien sec, on peut toucher à pleine main et serrer, *d'une main*, un conducteur sur un potentiel de 2.500 volts, traversé par un courant de 100 ampères; en revanche, si le sol est humide, gazonné, conducteur, le retour se fait alors par la terre et l'imprudent qui saisirait ce conducteur serait foudroyé. On peut encore compléter ces précautions de gants, — les gants comme isolants électriques jouent un grand rôle dans *la Dame de chez Maxime* de Georges Feydeau, — ne relier le corps humain que par des isolants aux objets à réparer. Et si une victime est à dégager de fils électriques, on doit le faire avec ces précautions.

Il ne faut jamais se précipiter, comme font même parfois les ingénieurs, sur la victime, mais bien la sortir avec sa canne, en coupant avec des ciseaux *isolés* les fils...

Les accidents électriques et la foudre doivent toujours être combattus ; même quand la victime paraît morte, il faut lutter encore, essayer de faire respirer. Voici deux faits alors inédits qui ont paru en mon *Traité de radiographie* en 1897, racontés qu'ils me furent par M. Girou de Buzareingues, beau-frère du regretté chirurgien Péan. Ils prouvent et la bizarrerie du choc en retour et l'utilité des soins aux victimes.

Par un temps orageux, à l'âge de vingt ans, un jour, il se tenait étendu sur un canapé en bois peint en blanc, et placé sur une terrasse couverte exposée au midi ; un peu souffrant, il se reposait sans rien ressentir ; une de ses sœurs touchant le canapé reçut une secousse ; et lui, se levant, au contact du sol, éprouva une secousse telle qu'il s'évanouit avec des symptômes asphyxiques et qu'il fallut d'énergiques frictions pour le ranimer. En 1884, à Phaltre, près de Marvejols, à 1.300 mètres d'altitude, un troupeau de 1.200 moutons appartenant à M. de Buzareingues, entrant lors d'un orage dans un parc, *fut tout entier renversé*, alors qu'une seule bête avait été frappée et la tête lancée dans le sol, 473 moutons restèrent morts sans traces de lésions; et *tous ceux qui furent remués* (20 ou 25) revinrent à la vie.

L'ÉLECTROCUTION

L'*électrocution* — pour faire passer de vie à trépas les assassins — ne semble pas, de prime abord, un moyen pratique de suppression de l'existence, puisqu'en traitant l'exécuté comme un asphyxié, on le ramène à la vie, et ainsi on le soustrait à la justice, lui permettant d'accomplir de nouveaux crimes, en supposant toutefois un sien complice là pour le ranimer et l'emmener! Quels beaux thèmes il y a là pour les romanciers de l'avenir! Quelles situations dramatiques, poignantes, y trouveront les littérateurs de demain!

Quant à la barbarie du procédé que l'on a invoquée contre lui, elle ne paraît avoir existé une seule fois que faute d'expériences suffisantes et bien conduites, et depuis, des résultats démonstratifs l'ont démontré pratique; d'ailleurs, à mon sens, on s'apitoie un peu trop aujourd'hui sur les criminels; autrefois, ils étaient considérés comme sujets d'expériences et ne s'en portaient pas plus mal, au contraire! Quand ils réchappaient de la tentative scientifique faite sur eux, ils y gagnaient leur grâce, et la science avait progressé d'autant!

Pour nous, l'instrument du Dr Guillotin est appelé à être remplacé à bref délai par l'électrocution. La mort de Kemmler, l'Américain, électrocuté le premier, a été, non pas instantanée, — comme elle aurait dû l'être et l'est désormais, — mais indolore, car la sensibilité a été supprimée dès le passage du courant; il y a eu des symptômes de retour à la vie, effrayants pour des profanes, analogues à ceux que l'on obtiendrait sur le cadavre pendant un certain temps après la mort, non perçus par le patient. Des accidents arrivés depuis et produisant le coma chez la victime l'ont prouvé. Du 6 août 1890 au 21 juillet 1893, on a électrocuté huit individus en plaçant les électrodes, généralement, au front et au mollet droit, avec des durées, en plusieurs fois souvent, de 20 à 90 secondes ! Le premier contact a toujours produit des réflexes d'apparence douloureuse, qui ont pu faire s'apitoyer les âmes sensibles et croire à la mort simplement apparente. L'électrocuté succombera fatalement, croyons-nous, avec un outillage plus perfectionné, à son asphyxie électrique en le laissant assez longtemps et sous la surveillance la plus rigoureuse, en état de mort latente. Même d'après M. Edison, un courant continu de 1.300 volts, suffisamment prolongé, peut électrolyser, consumer le cadavre dont on a déterminé préalablement — avant l'exécution — la résistance au moyen de la méthode du pont de Wheatstone. Des lampes à incandescence s'allumeront dans la chambre mortuaire juste au moment voulu du passage de vie à trépas et renseigneront l'ingénieur exécuteur, représentant une nouvelle position sociale yankee !

CHAPITRE XVI

LES RAYONS X

Production, influence et moyens d'examen. — Radiopathologie. — Radiothérapie.

PRODUCTION, INFLUENCE ET MOYENS D'EXAMEN

Les recherches sur la luminescence électrique dans le vide, commencées par Nollet, Marat, au siècle dernier, continuées en celui-ci par Abria, de Bordeaux, Quet, Gessler, Crookes, Hertz, Lénard, ont donné naissance à la découverte la plus sensationnelle du siècle, la *vue de l'invisible*, par Rœntgen. La décharge électrique, en une ampoule, dite de Crookes, à vide presque parfait, donne les *X Strahlen* du professeur de Wurtzbourg, mieux appelés, comme nous l'avons vu faire couramment en Allemagne, les *rayons de Rœntgen*, seule dénomination qui y est comprise, d'ailleurs. Un courant d'une bobine de Ruhmkorff est envoyé dans le vide où il trouve une solution de continuité, rompt celle-ci, jaillissant entre les deux électrodes, donnant, en la négative ou cathode, naissance aux *rayons cathodiques ;* ceux-ci viennent frapper le verre et sortent illuminant un écran de platinocyanure de baryum, permettant ainsi de voir l'intérieur des corps opaques placés entre la cathode et l'écran.

Si le vide est parfait, absolu, nul phénomène

ne se produit ; il faut à l'électricité, fluide matériel sans doute, la substance raréfiée pour se transmettre et se propager ; il faut la *matière*

Fig. 37. Sir William Crookes.

radiante de Crookes. Sir William Crookes, né à Londres, le 17 juin 1832, a en effet trouvé ce quatrième état des corps, invisible, mais réel, qui a permis de comprendre, d'expliquer, de trouver maints phénomènes électriques, telle la découverte de Rœntgen...

La vision macabre et instantanée du squelette de la main fut le premier phénomène de *radioscopie*, comme la photographie, sous la même action, en avait été d'abord la première *radiographie*. Les procédés diffèrent selon que l'on veut se bor-

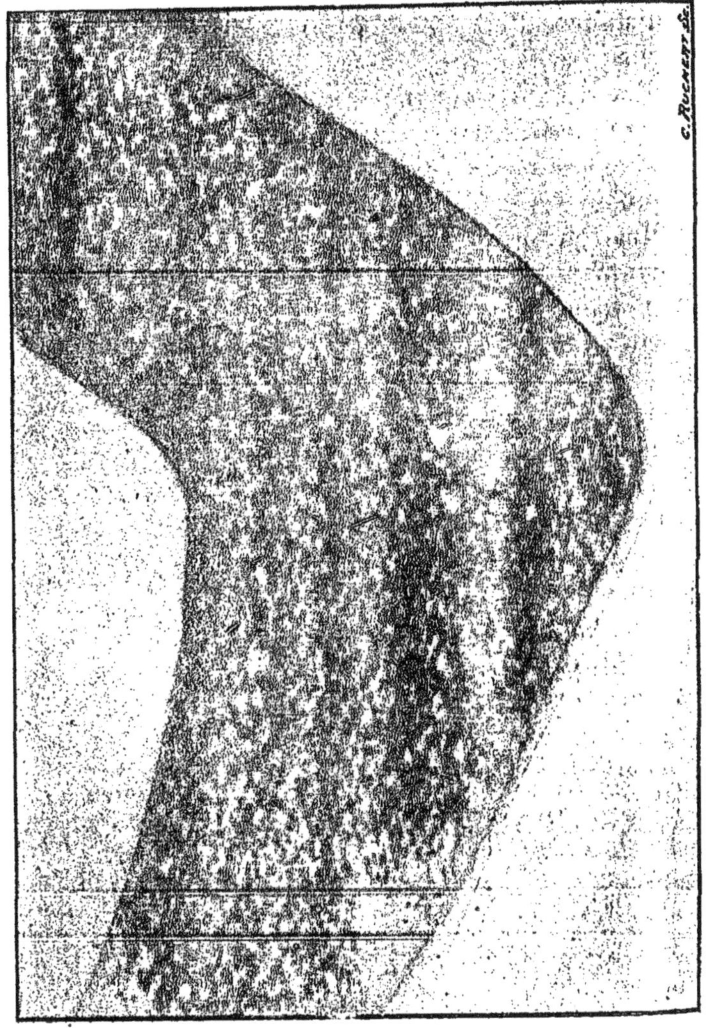

Fig. 38. Avant-bras à os superposés (Radiographie Foveau de Courmelles).

ner à voir ou que l'on désire le document photographique. Les rayons X sont bien d'ordre électrique, présentant des phénomènes d'actions à distance, d'*influence*, allumant, par exemple, de plus petits tubes que ceux les ayant produits (Foveau de Courmelles), sortes de courants de haute fréquence, produisant des courants induits de même nature dans le voisinage. Les aveugles que nous avons étudiés, au nombre de 240, à l'Institution des Jeunes-Aveugles de Paris, ont donné 9 sujets les percevant, comme la plaque photographique, alors que l'œil normal ne les perçoit pas (*Institut*, 21 mars 1898).

Résumons rapidement, d'après notre enseignement, notre *Traité de Radiographie* et nos recherches postérieures, les conquêtes des rayons X.

Les métaux en lames minces sont traversés et ne suffisent pas alors à cacher leur contenu qui se peut apprécier; de là l'examen en douane organisé par M. Pallain, à la gare de Lyon, sur l'initiative de M. G. Séguy et avec l'appareil portatif de celui-ci, dit « la lorgnette humaine ». Dans le corps humain, les corps étrangers métalliques, projectiles, balles, aiguilles..., les fractures des membres y sont vus avec la plus grande facilité, et telles qui paraissaient certaines, vu le siège précis de la douleur, se trouvent erronées : nous avons vu un décollement épiphysaire de l'extrémité inférieure du cubitus faire croire à une fracture du radius. Les cas tératologiques sont mieux étudiés, on découvre des os chevauchant les uns sur les autres, des parties squelettiques supplémentaires... Certaines lésions des poumons, des vaisseaux, des viscères peuvent se constater : la pleurésie, la tuberculose, les néo-

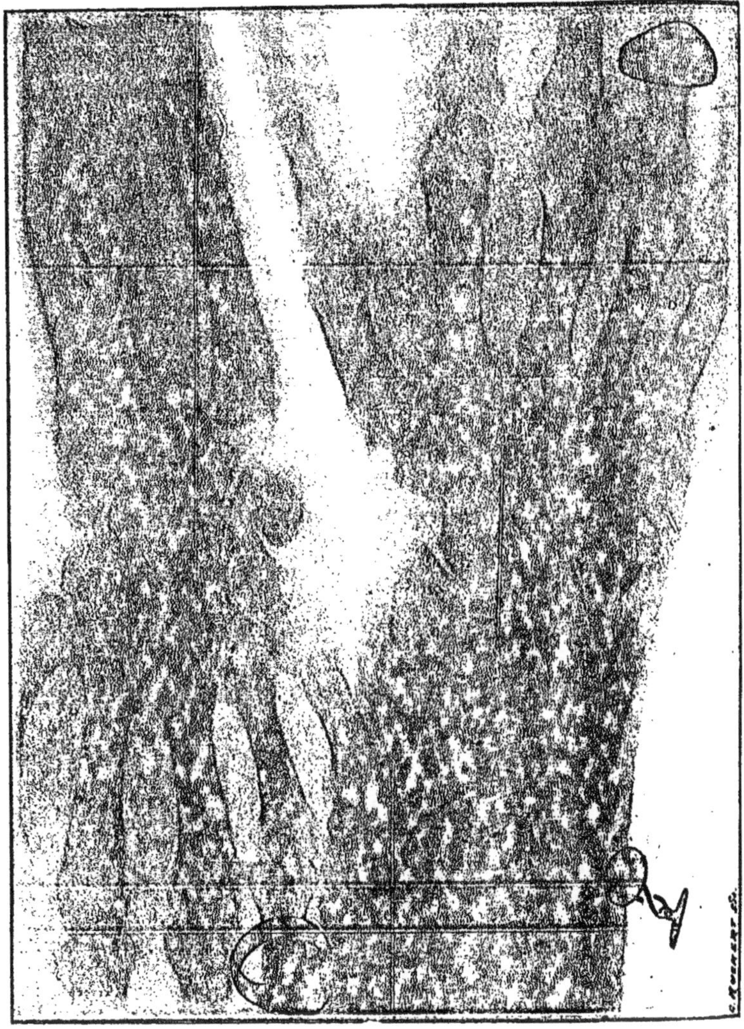

Fig. 39. Main droite à lésion cubitale et main gauche normale (Radiographie Foveau de Courmelles).

plasmes. L'estomac avec du bismuth devient visible (Foveau de Courmelles, *Académie de Médecine*, 23 mai 1899). L'obstétrique commence à en recevoir la lumière attendue par l'*endodiascopie* de MM. Alb. Rémond et Bouchacourt.

RADIOPATHOLOGIE

Les accidents dus aux rayons X ou *radiopathologie* ont été exagérés ; ils ont été très peu nombreux en radiographie et insignifiants en radioscopie. La raison en est à la fréquence moindre du courant dans le premier cas qui le fait percevoir à la sensibilité organique, ainsi que je l'ai démontré. On supprime cet inconvénient, soit en enveloppant le tube comme pour la radioscopie, soit en interposant une plaque d'aluminium entre le tube et le malade, ce qui laisse passer les rayons de Rœntgen et non les rayons cathodiques qui paraissent être seuls nocifs. Et, sur des milliers de radiographies prises, on note un accident par hasard. A la clinique du professeur Hoffa, à Wurtzbourg, j'ai vu des centaines et des centaines de radiographies du tronc, chez des déformés de la colonne vertébrale, à état physiologique souvent misérable, et nul accident n'est survenu. En revanche, bien que n'en ayant non plus produit, il m'a été donné de voir sur une curiosité tératologique, l'*homme-momie*, — ce que tout Paris a pu également constater avec nous, car il déplorait la perte de ses cheveux, — une épilation d'un côté de la tête sous l'action des *Rœntgen-Strahlen* ; cette épilation n'est que momentanée. On avait bien, au début, fondé sur elle le plus grand espoir, pour remplacer la longue et sûre électrolyse, dans les cas de duvets intempestifs ornant le voisinage de bouches féminines, mais il y faut renoncer, car les poils repoussent. Aujourd'hui, les temps de pose sont si courts ; cinq minutes deviennent une durée maximum pour des tissus épais ; et quelques secondes, la règle, aussi ces accidents ne sont plus à redouter.

RADIOTHÉRAPIE

La *radiothérapie* ou le traitement par les rayons de Rœntgen qui m'a fait, là encore, créer un néologisme, compte déjà à son actif plus de succès que la radiopathologie ne compte d'accidents. Radiographie et radiothérapie ont leurs organes de vulgarisation, ce qui semble démontrer la confiance accordée en leur avenir. Maints tuberculeux se sont déjà sentis améliorés, bien qu'on ait trouvé chez eux autant de microbes qu'auparavant, mais nous savons qu'aujourd'hui, après quelques savantes et autorisées recherches, cela ne prend d'importance que si l'injection consécutive des produits traités est négative, que si nul animal inoculé ne contracte l'affection. Les malades se sentent mieux, voilà le fait. Des fractures très longues à se consolider chez des adolescents débiles ont produit du cal osseux sous l'action des rayons X, et l'examen par ceux-ci l'a fait constater irréfutablement. Nous avons eu des faits analogues dans notre pratique. Ils se multiplieront avec la généralisation de l'emploi de ce nouveau mode thérapeutique.

CHAPITRE XVII

APPLICATIONS DIVERSES

Horloges électriques. — Avertisseurs d'incendie et d'inhumation précipitée. — Machine à voter. — Kinétoscope et cinématographe.

HORLOGES ÉLECTRIQUES

Diverses utilisations, cependant très intéressantes, de l'électricité, n'ont pu rationnellement trouver place jusqu'ici. Nous allons les réunir malgré leur absence de liens.

Une application de la transmission électrique est l'*horloge Wheatstone*. Ce n'est plus l'horloge pneumatique où une horloge-tige fait avancer à chaque minute une roue dentée actionnant un piston et déterminant dans les horloges correspondantes des pressions faisant avancer les aiguilles. Dans l'horloge électrique type, quand elle avance d'une seconde, elle lance le courant dans le fil conducteur et arrive dans le petit électro-aimant de chaque horloge ; celui-ci est attiré à chaque seconde et fait l'office d'un balancier automatique. En 1867, M. Froman exposait une horloge pouvant aller vingt ans ; malgré cela, l'électricité n'a pas prévalu en France pour cet usage, et cependant nous avons eu personnellement à juger, en les expositions, des modèles bien intéressants. En Angleterre, en Amérique, leur succès s'est affirmé dès la première heure et s'y est accru depuis.

AVERTISSEURS D'INCENDIE ET D'INHUMATION PRÉCIPITÉE

En dehors des *avertisseurs électriques* pour incendies, il faut citer ceux destinés à l'usage inverse, c'est-à-dire à prévenir les inondations. L'appareil est basé sur un niveau d'eau déterminé; celui-ci est-il dépassé, l'eau fait monter un flotteur relié à un contrepoids qui descend et met en mouvement une sonnerie qui pourra tinter indéfiniment jusqu'à usure complète de la pile ; la sonnerie est à telle distance de l'eau que l'on voudra.

Fig. 40. Avertisseur d'incendie.

Du même ordre, est l'*avertisseur d'inhumation précipitée* du comte de Karnice-Karnicki, chambellan du tsar. Une boule placée sur le thorax (et non sur le ventre) d'un cadavre ne peut se soulever que si les côtes se soulèvent, c'est-à-dire s'il ne s'agit que d'un pseudo-cadavre et s'il y a respiration réelle. Alors, par un ingénieux mécanisme que nous avons pu expérimenter, et qui le fut tout d'abord à Paris, à la Société Française d'Hygiène, de l'air, de la lumière arrivent au patient; — il pourrait, en attendant qu'on le délivre, lire son journal et voir comment on le juge, s'il est célèbre, si toutefois ses héritiers avaient eu la délicate attention d'y penser et de placer à côté de lui les quotidiens *ad hoc;* en même temps une sonnerie extrêmement éclatante retentit indéfiniment.

Le contrôleur de rondes de nuit met, par la simple pression d'un bouton par l'employé ayant fini sa ronde, un courant en mouvement; ce courant arrive au cabinet du surveillant général et fait tourner un rouleau sur une feuille de papier. Ce rouleau imprime l'heure à laquelle telle ronde a été faite.

Les indicateurs pour passages à niveau ne sont pas encore très usités. Un train, deux kilomètres avant le passage à niveau, déclanche une sonnerie et un signal : «défense de passer », puis franchit le passage à niveau, et remet alors les choses en place, la sonnerie cesse, et le signal disparaît. A propos de chemin de fer, un Anglais, M. Roggers, a proposé qu'à l'arrivée du train en gare, un contact fît détacher le nom de la station que le voyageur pourrait lire. Une sonnerie supplémentaire permettrait au besoin de réveiller les voyageurs endormis.

MACHINES A VOTER, MESURER, ANALYSER

Il existe même la *machine à voter*. On a trois boutons d'appel devant le nom de chaque député, le oui, le non et l'abstention. On presse, on lance un courant qui fait tomber à distance dans l'urne du vote une boule blanche, rouge ou noire. On peut encore actionner les aiguilles de trois cadrans qui totalisent les votes et indiquent immédiatement le résultat. Tous les membres d'une assemblée peuvent ainsi voter simultanément. Si le secret du suffrage universel n'était une condition même de son essence, on pourrait employer ce système pour les élections législatives dans les grandes villes tout au moins, mais on pourrait craindre soit que le scrutin du votant fût ainsi connu, soit encore que ce dernier peu scrupuleux favorisât son candidat en appuyant plusieurs fois sur le bouton.

La *vitesse des projectiles* peut être mesurée par l'électricité. On tire un boulet entre deux cibles fermant le circuit d'une bobine de Ruhmkorff; dès la première cible, le courant alors déclanché perce, par les étincelles de la bobine, de petits trous, un disque de papier, et le courant cesse à la deuxième cible. Au moyen d'un chronomètre on peut mesurer la durée des étincelles et avoir ainsi exactement le temps mis par le boulet à parcourir la distance des deux cibles.

La *vitesse de l'électricité dans l'organisme, de l'influx nerveux*, ont été mesurées par des diapasons vibrant et inscrivant leurs mouvements sur un cylindre recouvert de noir de fumée. Connaissant le nombre de vibrations par seconde du son déterminé et par suite la durée d'une vibration, on a ainsi des fractions de temps aussi petites que l'on veut, et qui sont les éléments indispensables de pareilles déterminations.

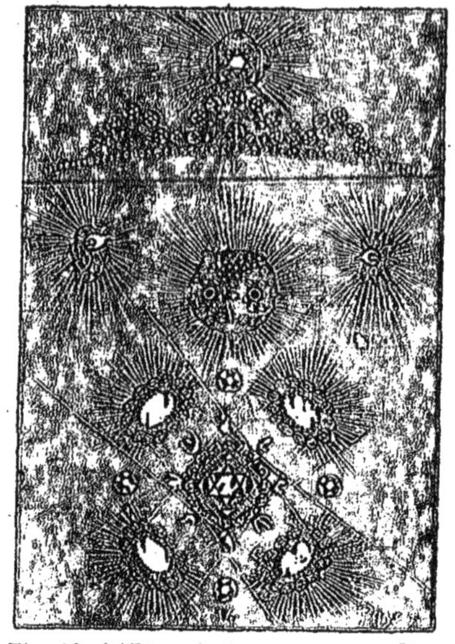

Fig. 41. Différenciation aux rayons X des diamants vrais et des diamants faux.

Les rayons X peuvent servir à l'industrie pour l'analyse chimique rapide grâce à des différences d'opacité ; ainsi le safran additionné de sulfate de baryte, les soies chargées de teintures minérales, les diamants faux, sont facilement décelés.

KINÉTOSCOPE ET CINÉMATOGRAPHE

Le *kinétoscope* attribué à Edison est une répétition du zootrope ou du traumatrope, jouet d'enfant déjà ancien qui consistait à utiliser la persistance des impressions lumineuses et à les superposer. Supposons qu'on veuille représenter un forgeron frappant le fer de son lourd marteau sur l'enclume pesante. On représentera sur cinq images par exemple, le forgeron soulevant légèrement son marteau, puis plus haut, à moitié de sa course, et de même en redescendant à mi-chemin, le marteau sur le fer. Un chirurgien opérant est de même représenté en maintes photographies instantanées. On fait tourner le tout assez rapidement, par un moteur électrique, en moins d'un dix-septième de seconde, les impressions données par les cinq ou le plus grand nombre d'images à la rétine se superposent alors et donnent l'illusion du mouvement. Avec les progrès immenses de la photographie et son instantanéité actuelle, on peut décomposer le mouvement pour l'étudier comme l'a fait Marey, de l'Institut (*chronophotographe*), ou pour le reproduire par la rotation des images (*kinétoscope*). Ici l'électricité n'a qu'un rôle insignifiant, celui de faire tourner l'appareil et de l'éclairer. Il en est de même du *cinématographe*, qui est l'idéal du moment, et donnerait l'illusion complète de la nature sans le petit tremblotement des figures dont il est atteint; c'est une affection morbide dont nous lui souhaitons rapidement de se guérir! D'ailleurs les cinématographes à images colorées l'ont moins.

CHAPITRE XVIII

L'ÉLECTRICITÉ DE DEMAIN

Prévisions et hypothèses. — Télégraphie sans fil et automobilisme.

PRÉVISIONS ET HYPOTHÈSES

En ce qui précède, le champ de la réalité est plutôt amoindri qu'augmenté, amoindri seulement par l'absence de détails qui n'auraient pu tenir en ce cadre. Maintenant qu'on nous permette d'ouvrir le domaine des idées, des hypothèses, des prévisions, des espérances. En *la Vie Électrique au* XXe *siècle*, Robida déblaye une voie, analogue en son genre à celle déblayée par Jules Verne. Ne serait le ton drolatique pouvant faire douter de la vraisemblance des choses racontées, que l'on pourrait s'y croire, car nous prétendons que ce qu'il raconte est *vraisemblable*, sinon *possible*, ce qui diffère du tout au tout. Quel inconvénient peut-on voir à ce que, le problème de l'aérostation ou de l'aviation résolu, chacun ne sorte en son *aéronef* dirigeable pour de là se diriger rapidement en n'importe quel point du globe?

Tous les gens *high life* de cette époque relativement rapprochée habiteront sur les toits pour être plus près de l'espace, où ils se lanceront souvent! Pour les grands savants, les voyages deviendront inutiles, ils seront tous reliés et se verront à volonté travaillant chacun en leur laboratoire respectif, se parlant en même temps, qui dans les îles de la Sonde, qui dans les îles Britanniques !... De grands microphones recueilleront les sons, et des appareils spéciaux transmettront la vue réelle des faits (ne nous a-t-on pas déjà annoncé l'instrument *ad hoc !* en Amérique d'où l'on nous annonce tant de choses, moteur Keeley, guérison de tous les aveugles par les rayons X...). Pour les auditions théâtrales, elles seront bien désertées ou plutôt bien changées, chacun — les riches s'entend ; d'ailleurs, existera-t-il encore des pauvres à cette époque heureuse ! — aura sa collection de phonogrammes et de cinématographes particuliers. En pressant sur un bouton, on aura à la fois la vue, les gestes et la voix du chanteur, du comédien, du diseur, du poète du XIXe siècle préféré par l'amphitryon. Il est inutile de dire qu'au point de vue moral le XXe siècle, bien que pénétré plus encore que celui-ci de l'*Esprit Scientifique*, imitera les précédents, n'accordant que peu souvent du talent à ses contemporains et que seulement après leur mort d'inanition, pour les couler alors, non pas en bronze, mais en phonogrammes, cinématographies... Voilà pour l'art du théâtre ; quant aux autres, peinture, sculpture, on sera relié avec les artistes ou avec leur exposition, et bien assis chez soi, l'appréciation du grand critique en main, on admirera de confiance. Quant à l'alimentation, — faisons ainsi un saut immense des hauteurs de l'idéal en la triste réalité, — l'alimentation sera simplifiée à l'extrême : on aura chez soi toute une série de boutons d'appel électrique portant les désignations, potage, rosbif, renne, caviar, avec au-dessous les tuyaux vous reliant au restaurant que l'on honore de sa clientèle ; on presse, et sur l'instant vous arrive, à l'état d'extrait fluide, le produit demandé. On ne fatigue plus son estomac, on ne perd plus de temps à manger. Pour se soigner, on sera de même relié au médecin qui vous auscultera, percutera... à distance, et au pharmacien qui à la minute vous donnera la prescription. *Time is money.* Nous nous serons tous alors américanisés !

TÉLÉGRAPHIE SANS FIL ET AUTOMOBILISME

Mais laissons le domaine de la fantaisie, qui

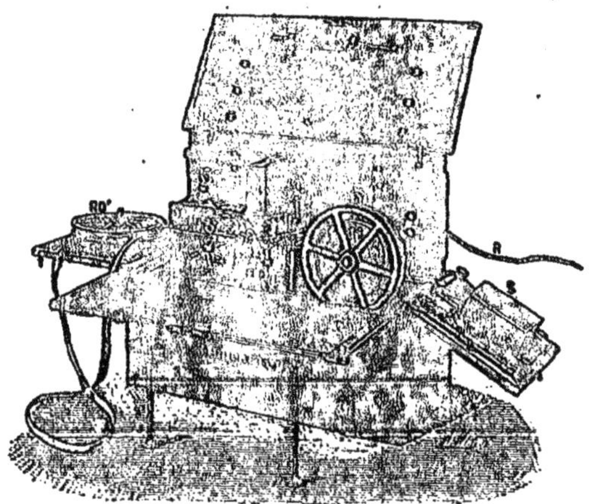

Fig. 42. Récepteur et dépêche (Télégraphie sans fil).

n'est pas absolument celui de l'invraisemblance ! Voyons ce que la réalité permet d'espérer de très proche. On a utilisé dès 1851, puis 1871, les roches et l'eau comme conducteurs électriques, pour transmettre la pensée humaine, mais le tube à limailles du Dr Branly et les recherches de Marconi ont, nous l'avons vu, réalisé *la télégraphie sans fil.* En Amérique, on cultive uniquement à l'électricité, ce que permettent les grandes plaines, et cela serait possible en maints endroits de notre vieille Europe. En Amérique encore, on veut plier le phonographe à tous les usages, lecture à haute voix du livre, du journal. L'*automobilisme, accumobilisme*, est un problème presque résolu, c'est une question d'accumulateurs légers et le cheval sera bientôt un luxe très grand, voire un animal légendaire pour les générations qui vont suivre !

En outre, une innovation réalisée déjà, dont nous avons parlé, est celle du travail manuel remplacé par le travail électrique. C'est le moyen de faire mieux, plus vite, à moins de frais et moins de fatigue.

CONCLUSIONS

LA QUESTION SOCIALE ET LA PAIX UNIVERSELLE RÉSOLUES PAR L'ÉLECTRICITÉ

La machine remplaçant l'ouvrier, est peut-être la solution de la question sociale et l'établissement forcé de la paix universelle. On peut déjà constater pour la première, que l'ouvrier peut en huit heures d'un travail *directeur* produire beaucoup et bien. L'ouvrier ne sera plus alors l'ouvrier; ce sera l'ingénieur de sa propre machine, il devra la guider, lui faire faire sa besogne qu'il surveillera, dirigera. Il y trouvera la sanction immédiate de son travail et de sa surveillance : le danger s'il est distrait, la bonne besogne et nulle menace s'il est bon ouvrier. Celui-ci ne sera plus réduit au rôle de machine, ce que déjà d'ailleurs l'ouvrier intelligent n'est plus, il est vrai, au sens absolu du mot, quoique encore assez pourtant.

Il se relèvera en sa propre estime, sentira son égalité avec tous les travailleurs similaires, mais appréciera cependant, au moins en son domaine, ceux d'intelligence plus élevée qui inventent les machines destinées à diminuer encore sa peine. A ceux-là, travaillant à ses côtés, il accordera l'estime, le respect, la subordination. En certaines usines électriques où l'ingénieur n'est pas seulement un théoricien, où il montre que même manuellement il est égal à ses ouvriers, j'ai constaté le respect plus grand de ceux-ci pour cet homme, à la fois leur égal et leur supérieur. En l'Allemagne moins brillante mais plus pratique, que j'ai visitée récemment, j'ai pu voir les merveilleux « polytechnicùms » de l'électricité où le travail manuel de l'élève ingénieur alterne avec son labeur cérébral.

La machine électrique n'aime pas d'ailleurs les théoriciens, et ce n'est que par la pratique qu'elle résoudra vraisemblablement quelque jour le grand problème de la question sociale !

Quant à l'établissement forcé de la *paix universelle*, il n'y faut plus voir une utopie. Que les grands penseurs de ce siècle : Frédéric Passy, Ch. Richet, aient ému les peuples et les rois, que le tsar Nicolas II en soit alors arrivé à proposer l'*arbitrage international* et que la Russie, suffisamment forte, le puisse imposer; cela est possible.

Mais la science, plus forte, l'imposera mieux encore. Tous les jours, elle découvre des engins meurtriers plus puissants, qui rendant les guerres plus terribles, ont forcé d'eux-mêmes les peuples à les espacer. Mais la télégraphie sans fils, merveilleuse découverte de paix et de progrès, apporte son inconnue et incommensurable puissance à l'œuvre de la guerre : dans le sol, cachée, dissimulée à tous les yeux, la bombe qui peut faire sauter une armée est là, un tube à limaille, un courant local sont reliés à sa substance explosive ; dans le lointain, au moment voulu, éclate, inaperçue, une étincelle électrique, l'onde meurtrière arrive au lieu d'élection et l'armée projetée dans l'espace n'est bientôt plus qu'un hideux amoncellement de débris. Quel est? mieux, quel sera désormais l'Empereur, l'autocrate, désormais assez imprudent pour risquer la vie de son peuple ? Et que nous réserve demain dans le domaine meurtrier de la science ? Quel inconnu plein de mystères et d'horreurs nous attend ? Et n'est-ce pas là la plus autorisée parole, la plus sûre menace qui empêchera les collisions prochaines? Que l'on joigne à cela les communications notamment électriques qui font se connaître et s'aimer les peuples, leur montrent leurs ressemblances et leurs affinités; et l'on conçoit qu'après le règne de la crainte de la guerre, aujourd'hui réalisé, viendra celui, très proche, de l'amour universel, en un même idéal de progrès scientifique, de suppression de la misère et d'anéantissement de toutes les humaines causes de haine !

TABLE DES MATIÈRES

CHAPITRE V

LES COURANTS INDUITS

CHAPITRE VI

AIMANTS ET MAGNÉTISME MINÉRAL

CHAPITRE VII

ACTIONS MULTIPLES DE L'ÉLECTRICITÉ

CHAPITRE VIII

LES SONNERIES ET APPELS ÉLECTRIQUES

CHAPTRE IX

LES TÉLÉGRAPHES

CHAPITRE X

LES TÉLÉPHONES

CHAPITRE XI

LA LUMIÈRE ÉLECTRIQUE

CHAPITRE XII

L'ÉLECTRICITÉ DOMESTIQUE

CHAPITRE XIII

L'ÉLECTRICITÉ INDUSTRIELLE

CHAPITRE XIV

L'ÉLECTRICITÉ MÉDICALE

CHAPITRE XV

LES DANGERS DE L'ÉLECTRICITÉ

Pages.

CHAPITRE XVI

LES RAYONS X

CHAPITRE XVII

APPLICATIONS DIVERSES

CHAPITRE XVIII

L'ÉLECTRICITÉ DE DEMAIN

CONCLUSIONS

PARIS. — IMPRIMERIE P. MOUILLOT, 13, QUAI VOLTAIRE.

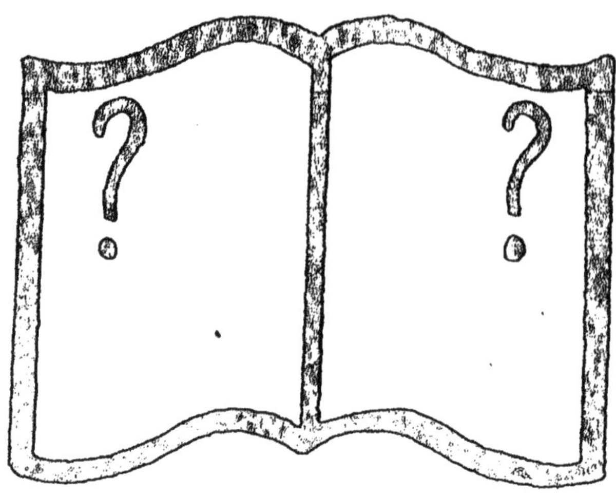

Absence de pagination
ou de foliotation

L'HISTOIRE

(Entretien sur l'évolution historique)

Par André LEFÈVRE
Professeur à l'École d'Anthropologie de Paris.

1 vol. in-18 de VIII-633 pages, de la *Bibliothèque des Sciences contemporaines* . . . . 6 fr.

Cet ouvrage est aussi bon que les précédentes œuvres publiées dans la « Bibliothèque des Sciences contemporaines », c'est dire que *l'Histoire* est une œuvre remarquable au point de vue philosophique et scientifique. M. LEFÈVRE a voulu exposer l'histoire de l'humanité à travers le monde. Il a parfaitement réalisé son désir. L'œuvre, nous le répétons, est remarquable par ses connaissances, sa concision. Le récit est clair, précis et intéressant... *L'Histoire* est un livre que tous doivent lire.

(*University Magazine*, Londres, août 1808.)

POMPÉI avant sa destruction

RECONSTITUTION DE SES TEMPLES ET DE LEURS ENVIRONS

Par G. WEICHARDT, Architecte.

Traduction de A. DUCHESNE.

1 vol. in-8, avec figures et planches. Cart. souple, plaque spéciale. 4 fr.

Cette très élégante plaquette n'est autre chose qu'un résumé succinct de l'ouvrage in-folio que l'auteur, architecte et archéologue, publia naguère en allemand. Il faut savoir bon gré aux éditeurs français d'avoir mis à la portée du grand public une œuvre de cette importance, sous forme d'un abrégé bien fait, suffisamment complet et d'une exécution matérielle fort soignée. Plusieurs temples y sont reproduits dans leur état de ruine actuel et reconstitués dans leur splendeur primitive. De nombreuses planches nous mettent à même d'apprécier leur beauté, la richesse et la grâce de leur ornementation.

(*La Quinzaine*, 1er octobre 1899.)

HYPNOTISME RELIGION

Par le Dr Félix RÉGNAULT
Préface de Camille SAINT-SAENS, Membre de l'Institut.
Dessins de A. COLLOMBAR.

1 vol. in-12, avec 53 figures dans le texte. . . . . 3 fr. 50

L'auteur montre le rôle qu'ont joué l'hystérie et l'hypnotisme dans toutes les religions. Une série de dessins reproduit des documents artistiques représentant des miracles où l'on peut retrouver la pathologie... Il est toujours curieux de constater l'influence énorme que la maladie a sur l'évolution de l'Humanité, si bien que l'on serait tenté de soutenir ce paradoxe que ce sont les malades qui auront été le plus utiles aux hommes !... On lira ce livre avec plaisir, surtout si soi-même on se considère comme exempt de toute superstition; il est agréable de constater à quel point les hommes, les autres, sont crédules et ignorants.

(*Revue philosophique*, août 1897.)

LA GUERRE ET LE MILITARISME

Numéro spécial de *l'Humanité nouvelle*.

1 vol. in-8 de 280 pages de texte compact, et 2 gravures hors texte. 6 fr.

138 réponses de MM. Maurice Block, Alfred Fouillée, membres de l'Institut; Victor Basch, Paul Bureau, Emile Durkheim, Paul Passy, G. Renard, Léon de Rosny, Charles Richet, Winiarski, etc., professeurs aux Facultés et Universités; Frédéric Bajer, Gerville-Réache, Clovis Hugues, Edouard Vaillant, Edmond Picard, etc., membres des Parlements; M. Bonomelli, évêque; Carlo Corsi, F. Abignente, E. von Egidy, G. Moch, Di Revel, Michel Corday, officiers ou anciens officiers; A. Chirac, Chr. Cornelissen, Jean Grave, Yves Guyot, S. N. Steinmetz, C. N. Starcke, S. Merlino, Léon Tolstoï, Alfred Russel Wallace, Louise Michel, Havelock Ellis, Clémence Royer, J. Novicow, E. S. Beesly, Pompeyo Gener, économistes, sociologues, scientistes; Henry Bérenger, Victor Charbonnel, Jean Reibrach, G. Rodenbach, Karl Henckell, Stuart Merril, G. Trarieux, A. Retté, Walter Crane, Rémy de Gourmont, etc., hommes de lettres, artistes.

Ces lettres, pleines d'arguments pour ou contre la guerre et le militarisme, valent d'être lues et méditées. Elles reflètent l'opinion du public, car elles émanent de philosophes, d'hommes de lettres et de sciences les plus connus de toutes les nationalités. Cette enquête est véritablement unique. Des tableaux terminent le volume et d'un coup d'œil, on y voit comment se partagent les deux opinions opposées.

(*Echo de l'armée*, 9 juillet 1899.)

ros, Gustave Lejeal, Ernest Nys, Louis de Royaumont, E.-H. Schmitt, L. Winiarski, Havelock Ellis, Victor Dave, V. Totomiantz, J. Keir Hardie, René Sand, etc., etc.;

Dans sa *partie littéraire* de MM. Herman Bang, J.-J. Baronian, Maurice des Ombiaux, Jules Destrée, Frédéric Van Eeden, Gustave Geffroy, M. Gorki, Gunnar Heiberg, Léon Hennebicq, J.-P. Jacobsen, Camille Lemonnier, V. Emile-Michelet, Paul Pourot, A. de Rampan, Gabriel Randon, L. Xavier de Ricard, Holger Drachmann, Louis Ernault, Douglas Hyde, H. Ibsen, Iwan Gilkin, Fiona Macleod, Dina C.-P. Meddor, P.-N. Roinard, Emile Verhaeren, Yeats, Albert Lantoine, Jean Dolent, Judith Cladel, Gabriel De La Salle, Mario Pilo, etc., etc.

Aucune Revue ne donne aussi bien que **L'Humanité Nouvelle** un aperçu du mouvement intellectuel mondial grâce à ses comptes rendus analytiques et critiques des livres et des revues en toutes langues et sur tous sujets. Ils sont faits par MM. Elisée Reclus, Elie Reclus, Guillaume De Greef, G. Sorel, Laurence Jerrold, Marya Cheliga, Victor Dave, A. de Rudder, Mario Pilo, C. Fages, Marie Stromberg, A. Hamon, V. Emile-Michelet, Dr A. Gaboriau, Christ. Cornelissen, Dr Helina Gaboriau, Ephrem Vincent, C. Huysmans, Paul Pourot, A. Dufresne, C. Barbier, Emile Vandervelde, M. de Mathuisieulx, B.-P. Van der Voo, H. Muffang, A. Pinardi, V. Haber, Pio Baroja, E. Potier, etc., etc.

La Revue ne publie rien que de l'inédit

L'Humanité Nouvelle forme par an deux beaux volumes de plus de 750 pages chacun, avec un index alphabétique des auteurs et des matières.

ABONNEMENTS :

	UN AN	SIX MOIS	UN NUMÉRO
France et Belgique . . .	**12 fr.**	**7 fr.**	**1 fr. 50**
Etranger (Union postale).	**15 fr.**	**8 fr.**	**1 fr. 75**

Les abonnements partent de Janvier et de Juillet.

Envoi d'un Numéro Specimen franco sur demande.

www.ingramcontent.com/pod-product-compliance
Ingram Content Group UK Ltd.
Pitfield, Milton Keynes, MK11 3LW, UK
UKHW021043200726
13857UKWH00003B/799

9 782011 930361